야생동물해부도감

WILDLIFE ANATOMY

야생동물해부도감

자유로운 야생동물의 삶과
생태계에 관한 거의 모든 지식

줄리아 로스먼 글·그림 | 이경아 옮김 | 이용철 감수

머리말

내 여동생 제시카 로스먼 박사는 아프리카 우간다의 숲속에서 영장류를 연구한다. 동생의 연구 대상은 영장류의 영양이다. 말하자면 야생 원숭이와 마운틴고릴라가 자신들에게 필요한 영양소를 주변 환경과의 상호작용을 통해 어떤 식으로 얻는지를 살피는 것이다. 제시카는 1997년부터 무려 25년 동안(!) 우간다에서 유인원과 원숭이를 연구해왔다. 처음에는 학생 신분이었지만, 현재는 뉴욕시립대학교 헌터칼리지에서 학생들에게 영장류를 가르치는 교수가 되었다. 동생은 뉴욕에서 생애 절반을 보냈고, 나머지 절반은 우간다에서 보냈다. 현재 동생은 야생동물을 연구하는 다른 학자들과 함께 공원에 있는 작은 집에서 살고 있다.(화상통화를 할 때면 동생은 집 앞 현관에 매달려 있는 개코원숭이를 내게 보여준다.)

우간다 숲속에 있는 동생의 집

영장류를 연구하는 동생 제시카

동생이
영장류 연구 중에
찍은 사진

제시카의 연구 계획은 우간다 야생동물보호국과
마케레레대학교의 강력한 연대를 통한 야생동물
보호와 훈련에 중점을 두고 있다.
서너 달 전 내게 동생은 촉망받는 두 학생에 관한
이야기를 해주었고 아울러 이 친구들이
석사 과정을 밟으려면 학비 지원이 필요하다고
귀띔해 주었다. 학생들을 도울 수 있다는 생각에
나는 한껏 신이 났다.

나는 선인세 전부를
이 두 학생을
돕는 데 보냈다.

이 책을 읽는다는 것은 결국 자연의 미래를 만들어가는 것이다

누술라 사라 나무카사

"학부에서 우간다 최대의 보호구역에 있는
코뿔소의 식습관을 공부했어요.
코뿔소 전문가가 되겠다는 바람으로
코뿔소를 공부해왔죠. 학교에서는 그런 저를
'코뿔소 엄마'라고 부른답니다.
코뿔소의 행동 양식과 녀석들이 먹는
초본식물에 대해 많은 걸 배웠어요.
배움은 제게 즐거움과 흥분을 동시에
안겨줍니다.
이제는 코뿔소가 그런 식물을 먹는 이유를
알아내고 녀석들이 소비하는 단백질과 무기질
같은 영양에 관한 정보도 수집해야 해요.
그렇게 얻게 된 정보는 코뿔소를
야생으로 돌려보내는 근거로 활용될 겁니다."

난두투 에스더

"4년 전부터 우간다 야생동물보호 교육센터에서
사육사로 일해왔는데
기린은 언제나 제 마음을 사로잡았어요.
현재 동물학 석사 과정을 밟고 있는
제 꿈은 연구원이 되는 겁니다.
기린의 섭식과 녀석들이 영양학적 필요를
어떤 식으로 채우는지 이해하는 것이
제 연구 목표예요. 또 기후 변화 때문에
서식지의 먹이가 어떻게 변화할 수 있는지도
알아내고자 노력 중입니다."

이 두 학생 외에도 야생동물들을 보호하기 위해
노력하고 있는 많은 기관들이 있다.
자세한 이름은 책 뒤편에 실어두었다.

내 글과 그림에 독자 여러분이 보내준 성원에 감사드린다.
작업을 마치고 나면 여러분이 그것에 대해
어떻게 생각하는지 늘 궁금하다.
인스타그램과 트윗을 통해 실시간으로 올라오는 여러분의 생각과
느낌을 확인하고 있으며 여러분이 정성스레 보내준
이메일과 편지에 답신을 보내는 데 시간이 다소 걸리지만
여러분이 전해주는 소식이 내게 큰 기쁨을 주고 있음을
부디 알아주었으면 하는 바람이다.

Julia Rothman

줄리아 로스먼

차례
. . . .

머리말 · 4

CHAPTER 1
이 세상 어디에나

모든 것은 생태계 안에 있다 · 14 │ 낙엽수림 · 15 │ 다우림 · 16 │ 사막 · 18 │ 초원 · 20 │ 습지 · 21 │ 바다 · 22 │ 척추동물 · 24 │ 무척추동물 · 25 │ 먹이그물 · 26 │ 먹이에 따른 동물 분류 · 28 │ 무엇이든 먹는 동물과 특정 먹이만 먹는 동물 · 29 │ 유별난 유대류의 놀라운 번식 전략 · 30 │ 생태계를 해치는 외래종의 침입 · 32

CHAPTER 2
이빨과 발톱

육식동물과 초식동물의 이빨 · 36 │ 사자처럼 생겼지만 영양처럼 먹는 원숭이 · 37 │ 발톱의 생김새 · 38 │ 멋진 발톱의 소유자들 · 39 │ 사냥 전략 · 42 │ 최고의 자리 · 46 │ 아시아사자와 아프리카사자 · 49 │ 하이에나에 대한 오해 · 50 │ 최상위 포식자 · 51 │ 팬서가 판다가 아니라고? · 52 │ 호랑이 분류 · 54 │ 매력적인 치타 · 55 │ 반점으로 구분하기 · 56 │ 재규어런디 · 58 │ 포사 · 59 │ 전 세계의 곰 · 60 │ 곰이 아닌 울버린 · 63 │ 저녁밥으로 물고기를 잡는 동물들 · 64 │ 다양한 피셔 · 66 │ 작지만 강한 동물들 · 67 │ 타란툴라의 생김새 · 68 │ 크고 털이 많은 타란툴라 · 69 │ 큰 이빨을 가진 큰 물고기 · 70 │ 수리들 · 72 │ 부엉이의 생김새 · 74 │ 크로커다일과 앨리게이터 · 76 │ 킬러 도마뱀 · 78 │ 독수리가 지나간 자리 · 80

CHAPTER 3
풀 뜯는 동물들

포식자와 먹잇감 · 84 │ 오카피 · 85 │ 기린영양 · 85 │ 기린의 생김새 · 86 │ 각질로 이루어진 뿔 · 90 │ 돋보이는 사슴뿔 · 92 │ 영양 · 94 │ 발굽의 생김새 · 96 │ 얼룩말의 생김새 · 98 │ 야생마 · 100 │ 야생당나귀 · 100 │ 가지뿔영양의 특이한 사례 · 101 │ 고개 숙이고 풀 뜯는 동물과 고개 들고 풀 뜯는 동물 · 102 │ 사향소 · 103 │ 들소 · 104 │ 아프리카물소 · 105 │ 코끼리 잡학 사전 · 106 │ 아프리카코끼리와 아시아코끼리 · 109 │ 이름에 '코끼리'가 붙은 동물들 · 111 │ 하마 · 112 │ 호아친 · 114 │ 소등쪼기새와 황로 · 115 │ 라마와 알파카 · 116 │ 과나코 · 117 │ 비쿠냐 · 117 │ 낙타의 생김새 · 118

CHAPTER 4
사회적 관계망

영장류 집단 • 122 │ 유인원 • 124 │ 협비류 원숭이 • 128 │ 광비류 원숭이 • 129 │ 붉은정강이두크 • 130 │
마모셋과 타마린 • 131 │ 서로 핥아주기 • 132 │ 몇 종의 기각류 • 135 │ 줄무늬몽구스 • 138 │ 미어캣 • 139 │
홍학의 생김새 • 140 │ 화려한 자태를 뽐내는 홍학 • 141 │ 벌거숭이두더지쥐 • 142 │ 박쥐의 세계 • 144 │
갯과 동물의 세계 • 146 │ 여우의 세계 • 148

CHAPTER 5
동물들의 집 짓기

집주인 • 152 │ 땅거북의 굴 • 153 │ 유럽오소리 • 154 │ 곤충의 건축술 • 156 │ 거미줄 • 158 │
둥지 꾸미기 • 160 │ 굴을 파는 새 • 164 │ 자연의 공학자 • 166 │ 침대 만들기 • 168

CHAPTER 6
기이하면서도 근사한

놀라움을 자아내는 문어 • 172 │ 덩치 큰 새들 • 174 │ 우스꽝스러운 오리너구리 • 176 │ 별코두더지 • 177 │
아르마딜로의 생김새 • 178 │ 갑옷으로 무장한 그 밖의 포유류 • 180 │ 이상야릇한 땅돼지 • 182 │ 높은 하늘에서
내려다보자 • 184 │ 몸 전체가 검고 흰 동물들 • 186 │ 극락조 • 188 │ 카피바라 • 190 │ 개미핥기 • 191 │ 진기한
카멜레온 • 192 │ 중국장수도롱뇽 • 194 │ 멕시코도롱뇽(아홀로틀) • 195 │ 돼지코개구리 • 196 │ 그 밖의 다채로운
개구리들 • 197 │ 뱀의 세계 • 198 │ 판다의 이모저모 • 202 │ 나무늘보 • 204

도움의 손길이 필요한 곳 • 207
감사의 말 • 209

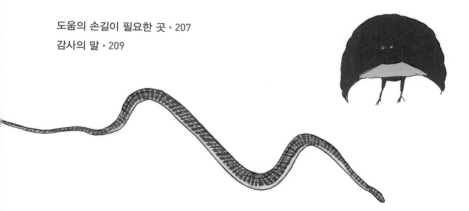

알파카와 그 밖의 모든 동물을
사랑하는 올리에게

CHAPTER 1

이 세상 어디에나

모든 것은 생태계 안에 있다

생태계는 식물과 동물을 비롯한 온갖 생물이 거미줄처럼 서로 얽히고설킨
상태를 유지하는 지리적 영역이다. 기후와 경관도 생태계를 이루는
요소의 하나다. 생태계 내에서는 모두가 생존을 위해 서로에게 의존한다.

생태계는 작은 물웅덩이와 도심의 공원, 나무 밑 땅속과 우듬지에서
사하라 사막이나 남아메리카 열대우림 같은 광활한 육지에 이르기까지
이 세상 어디에나 존재한다.

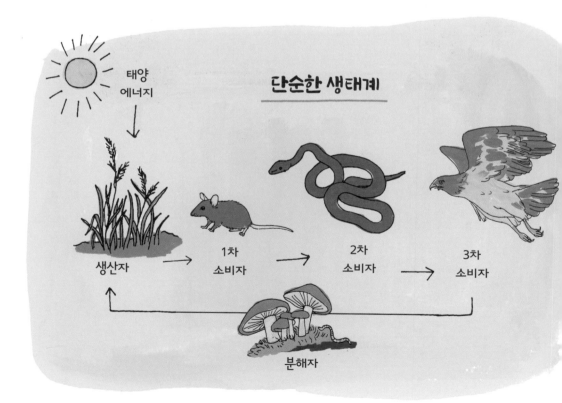

동부줄무늬다람쥐

낙엽수림

낙엽수림은 봄, 여름, 가을, 겨울의 네 계절이 뚜렷하게 나타난다.
겨울은 춥고 여름은 따뜻하다. 해마다 800~1,500밀리미터의 강수량을 기록한다.
낙엽수림은 미국 동부, 캐나다, 유럽, 중국, 한국, 일본 등지에서 찾아볼 수 있다.

토양이 비옥해서 다양한 식물종이 살아간다. 이런 토양에서 잎이 무성한 나무는
몸집을 최대한 키우고, 그 아래는 관목을 비롯한 키 작은 식물이 자리한다.
그리고 이끼류, 지의류, 야생화, 양치식물과 그 밖의 작은 식물이 숲 바닥을 가득 채운다.

식물은 곤충부터 새와 포유동물에 이르기까지 다양한 동물에게 먹이와 은신처를 제공한다.
숲에는 파충류와 양서류도 흔하다.

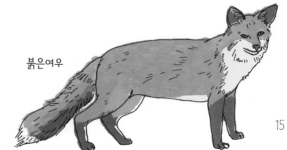

붉은여우

두꺼비

다우림

다우림은 물의 순환을 통해 특유의 기후를 만들어낸다.
낮에는 습기를 증발시켜 비를 만드는 수증기 구름이 형성된다.
울창한 수풀과 키 큰 나무는 온대우림과 열대우림을 잘 보여주는 특징이다.
두 유형 모두 다양한 동식물이 살아갈 수 있는 환경을 제공한다.

대개 해안선을 따라 발달한 온대우림은 해안 지대를 습하고 시원하게
만들어준다. 온대우림에는 해마다 2,500~5,000밀리미터의 비가 내린다.
캘리포니아 북부에서 알래스카에 이르는 세계에서 가장 큰 온대우림은
길이가 4,000킬로미터에 이른다.

태평양큰도롱뇽

적도를 따라 발달한 열대우림은 온대우림보다 훨씬 더워
하루 평균 기온이 섭씨 24도가량이다.
또 열대우림은 습해서 해마다 최대 1만 1,000밀리미터의
비가 내린다.

왕부리새

파인애플과 식물인
브로멜리아드는 중심부로 물을
끌어모은다. 이 작은 웅덩이에
형성된 생태계는 박테리아, 곤충,
개구리, 갑각류는 물론
새의 보금자리가 된다.

사막

선인장굴뚝새

사막은 기온이 아니라 건조한 정도에 따라 정의된다.
이 지역은 연 강수량이 **300**밀리미터를 넘지 않는다.
사막에서 살아가는 동식물은 극한 환경에서도 생존하도록 적응해왔다.

아열대 사막은 뜨겁고 건조하다.

극지 사막은 1년 내내 춥다.

해안 사막은 여름에는 따뜻하고 겨울에는 시원하다.

날쥐

비그늘 사막은 산맥의 경사면에 형성되며, 습한 공기의 흐름을 차단한다.

사하라 사막

북아프리카의 아열대 사막인 사하라는
지구상에서 가장 뜨거운 사막으로 꼽힌다.
사하라 사막의 크기는 알래스카를 포함한
미국 본토 크기와 거의 맞먹는다.

아타카마 사막

칠레 연안의 아타카마 사막은 지구상에서
가장 건조한 지역이다. 이곳에는 수십 년 동안
비가 한 방울도 내리지 않을 수 있다.

고비 사막

넓이가 130만 제곱킬로미터에 이르며
몽골과 중국 북부에 걸쳐 자리 잡은
고비 사막은 히말라야산맥과
티베트 고원에 의해 형성된 비그늘 사막이다.
기후 변화와 인간의 활동 때문에
사막은 주변의 초원으로 영역을
점차 넓혀가는 중이다.

남극 대륙의 드라이밸리

남극의 드라이밸리(Dry Valleys)라는
꼭 들어맞는 이름이 붙여진 이 건조한 계곡에는
지난 200만 년 동안 비가 한 방울도
내리지 않았다. 이처럼 바위가 많은 생태계에는
염도가 너무 높아 살을 에는 추위에도
얼지 않는 호수가 있다. 가장 큰 돈 후안 연못의
염도는 40퍼센트에 이른다.

초원

육상 면적의 최대 40퍼센트가량을 차지하는
열대와 온대의 초원에서는 나무를 거의 찾아보기
힘들며 대부분 풀의 영역이다. 계절은 식물이 자라는
우기와 성장을 멈추는 건기로 나뉜다. 강수량은 온대는
500~900밀리미터, 열대는 1,500밀리미터에 이른다.

비가 적게 내리는 곳에서 풀은 30센티미터 높이로
자란다. 반면에 비가 많이 내리는 곳에서
일부 종은 키가 2미터 넘게 자라고
뿌리는 땅 밑으로 90~180센티미터가량 뻗는다.

초원은 다양한 야생동물과 식물의 터전이다.
토양이 비옥한 편이어서 전 세계 농작물의 상당 부분이
이 지역에서 생산된다. 그런 초원 가운데
보호를 받는 곳은 10퍼센트도 채 되지 않는다.

큰쇠풀
(안드로포곤 제라디)

둥근머리
싸리나무

대초원
루드베키아
(프레이리 콘플라워)

자주대초원
클로버

보라뱀무

습지

<u>소택지</u>는 내륙과 해안을 따라 형성되는 수목이 울창한 습지다.

늪살모사

<u>늪</u>은 하구, 만, 해안 지대 근처의 편평하고 물이 많은 초원이다.

<u>산성습원</u>은 지하수면이 높은 추운 지역에서 형성된다. 흔히 빙하에 의해 패인 저지대에서 발달한다.

바다

북극해, 대서양, 인도양, 태평양, 남극해의 다섯 대양은 지표면의 71퍼센트를 덮고 지구상에 존재하는 산소의 절반 이상을 만들어낸다.

이 바다 생태계에는 해안선, 열수 분출공*, 산호초, 북극해, 다시마숲, 맹그로브 습지가 모두 포함된다. 육지에 가까운 생태계에는 생명체가 풍부한 데 비해 깊은 바다 밑바닥에 넓게 펼쳐진 심해저 평원에는 그곳에 적응한 극소수의 생물종만이 살아간다.

---

* 지하에서 뜨거운 물이 솟아나오는 구멍을 말한다. ─옮긴이

세계 최대의 살아 있는 산호초 구조물인
그레이트 배리어 리프(Great Barrier Reef)는
우주에서도 보일 정도로 큰 바다 생태계다.

척추동물*

척추동물은 척추(등뼈)가 있는 동물이다.

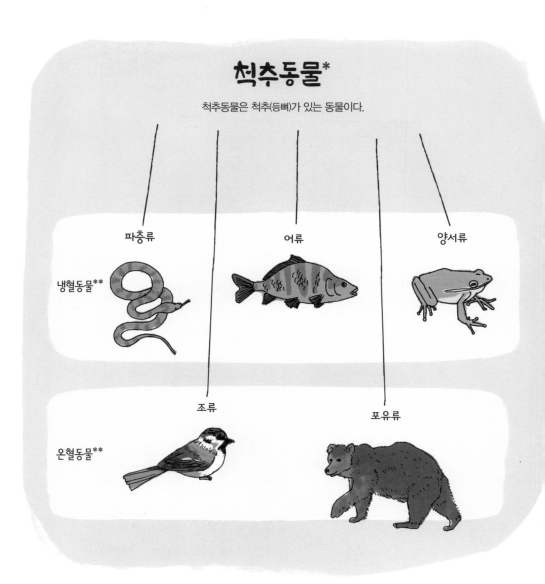

파충류

어류

양서류

냉혈동물**

조류

포유류

온혈동물**

---

* 동물을 '척추동물/무척추동물'로 구분하는 것은 오래된 관행이긴 하지만 정확한 분류법은 아니다.ー감수자

** '냉혈동물/온혈동물'보다는 체온 유지를 위해 따로 에너지를 사용하는지 여부로 '외온성 동물/내온성 동물'로 구분하는 것이 더 정확하다.ー감수자

무척추동물

무척추동물은 척추가 없는 동물이다.

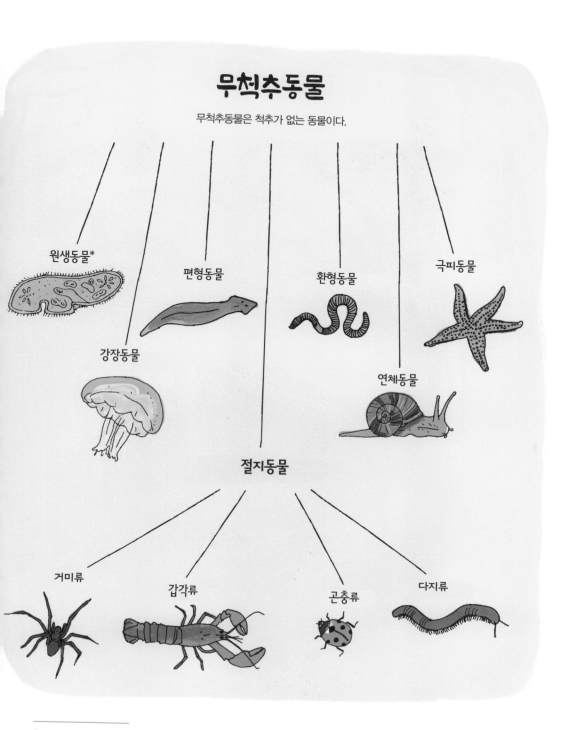

원생동물*

편형동물

환형동물

극피동물

강장동물

연체동물

절지동물

거미류

갑각류

곤충류

다지류

---

* 오늘날 동물 분류 체계에 원생동물이라는 분류군은 없으며, 이들은 동물계가 아닌 원생생물계에 속한다고 보아
   '해면동물'로 바꾸는 것이 더 적절하다. −감수자

먹이그물

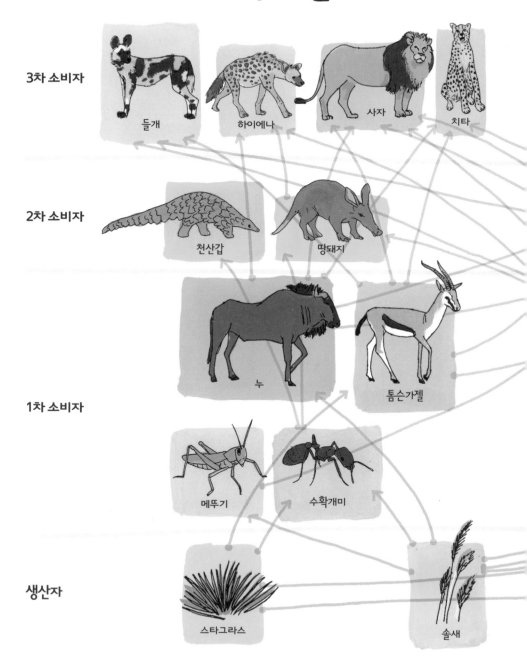

3차 소비자   들개   하이에나   사자   치타

2차 소비자   천산갑   땅돼지

1차 소비자   누   톰슨가젤   메뚜기   수확개미

생산자   스타그라스   솔새

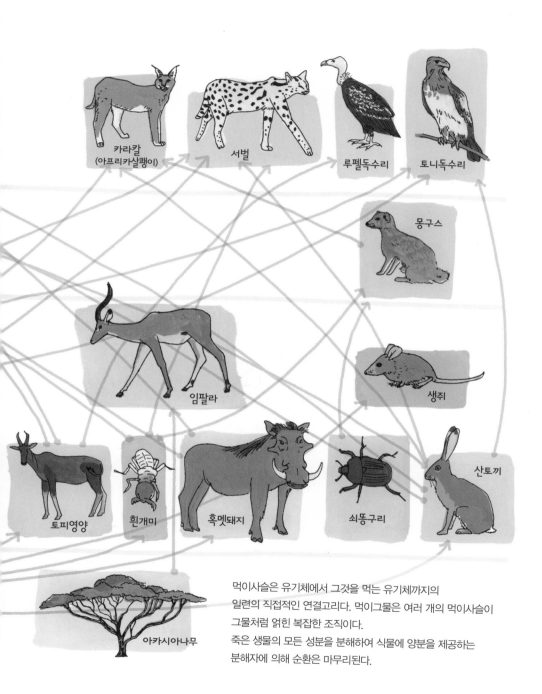

카라칼
(아프리카살쾡이)

서벌

루펠독수리

토니독수리

몽구스

임팔라

생쥐

토피영양

흰개미

혹멧돼지

쇠똥구리

산토끼

아카시아나무

먹이사슬은 유기체에서 그것을 먹는 유기체까지의
일련의 직접적인 연결고리다. 먹이그물은 여러 개의 먹이사슬이
그물처럼 얽힌 복잡한 조직이다.
죽은 생물의 모든 성분을 분해하여 식물에 양분을 제공하는
분해자에 의해 순환은 마무리된다.

먹이에 따른 동물 분류

코알라
유칼립투스

식물의 잎이나 줄기를 먹는
동물. 일부는 다양한 식물을 먹이로
삼지만, 특정한 식물만을 먹는
동물도 있다. 코알라는 유칼립투스
잎사귀만 먹는다.

큰박쥐
아레카야자 열매

과일을 먹는 동물.
많은 새와 박쥐가
이 부류에 속한다.

메뚜기
아메리카
딱새

곤충을 먹이로 삼는 동물.
조류, 파충류, 어류,
포유류를 비롯하여
다양한 곤충이 포함된다.

큰바다사자
명태

다른 동물을 먹는 동물.
육지에서 사는 육식성 포유류
가운데 몸집이
가장 작은 것은 흰족제비이고,
가장 큰 것은 북극곰이다.

흰얼굴사키

아무거나 닥치는 대로
먹는 동물. 동물 가운데
가장 큰 부류를 이룬다.
가리지 않고 무엇이든 먹는
전략은 생존 가능성을
크게 높인다.

죽은 생쥐
구더기

사체나 잔해를 먹는 동물.
벌레, 농게, 딱정벌레 등으로,
동물의 사체와 그 밖의
유기물 조각을 분해한다.

무엇이든 먹는 동물과
특정 먹이만 먹는 동물

생태계에서 유연한 생존 전략을 보이는 동물은
엄격하게 정해진 역할에만 충실한 동물보다
변화하는 상황에 대체로 잘 적응한다.

적응력이 뛰어난 쥐와 코요테처럼 까다롭지 않은 식성에다 상황에 따라
습성을 바꿀 수 있는 능력까지 갖춘 동물은 먹이를 얻을 기회만을 호시탐탐 엿본다.
지난 수십 년 동안 이 동물들을 없애려고 노력했지만,
사람들의 눈에 띄지 않는 도시 지역에서는 개체 수가 큰 폭으로 증가했다.

어떤 동물은 같은 종인데도 먹이가
저마다 다르다. 가령 물개만 잡아먹는
범고래 무리가 있는가 하면,
연어만 잡아먹는 무리도 있다.
자신이 좋아하는 먹이가 많지 않다고
해서 다른 먹잇감을 찾아 나설 수는
없다.

범고래

물개

유별난 유대류의
놀라운 번식 전략

동물은 지구상의 거의 모든 환경에서 살아남기 위해
온갖 방식으로 진화해왔다. 어떤 동물은 먹이를 사냥하거나
짝짓기 상대를 유인하기 위한 수단으로
매우 특별한 신체 기관을 갖고 있다.
그 밖에 특별한 번식 방법을 발전시킨 동물도 있다.

그중에서 유대류는 가장 특이한 번식 전략을 보여준다.
이 포유류는 여전히 태아 상태인 새끼를 낳는다.
육아낭으로 불리는 어미의 주머니 속으로 기어들어간 새끼는
젖꼭지를 꼭 문 채로 그곳에서 성장한다.
이런 번식 전략은 갓 태어난 새끼를 위험에 빠뜨릴 수도 있겠지만,
한편으로는 새끼를 낳을 때까지 어미가 몸집이 큰 태아를
배고 있느라 애쓸 필요가 없다는 의미이기도 하다.

반디쿠트

웜뱃

지구상에는 300종이 넘는 유대류가 존재하며,
대부분은 오스트레일리아와 뉴기니에 서식한다.
남아메리카와 중앙아메리카에는
100여 종의 주머니쥐가 살고 있다.
버지니아주머니쥐는 멕시코 북부에서 사는
유일한 유대류다.

꿀주머니쥐

덤불왈라비

쿼카

줄무늬
주머니쥐

사향쥐캥거루

쥐캥거루

생태계를 해치는 외래종의 침입

토착종이 아닌 외부에서 들어온 외래종은 생태계에서 본래의 역할이 없을 뿐만 아니라 천적마저 없다.
이런 외래종 동식물은 걷잡을 수 없이 늘어나 토착종을 몰아내거나 씨를 말리기도 한다.
외래종은 선박 화물에 실려 뜻하지 않게 들어오기도 하지만 대개는 인간이 필요에 의해 들여온 것이다.

떠돌이 돼지

미국에는 35개 주에 약 600만 마리의
떠돌이 돼지가 서식하는 것으로
알려져 있다. 이 돼지들은 농업, 재산,
환경에 해마다 15억 달러의 손실을
입히는 것으로 추산된다.

버마왕뱀

반려동물로 키우다 싫증 난 사람들이
야생에 풀어놓은 이후 버마왕뱀은
플로리다주에 서식하는
중소형 파충류의 90퍼센트를 잡아먹었다.

파나마왕두꺼비(사탕수수두꺼비)

남아메리카 북부와 중앙아메리카, 멕시코가 원산지인
파나마왕두꺼비는 사탕수수 같은 농작물의 해충을
관리하기 위해 많은 나라에 전해졌다.

파나마왕두꺼비는 손아귀에 들어온 먹이는 무엇이든
먹어치우고 토착종인 양서류와 서식지를 두고 경쟁을 벌인다.
본래의 생태계에서는 녀석들이 만들어낸 유독성 점액에
영향을 받지 않는 천적에 의해 개체 수가 조절되지만,
다른 지역에서는 이 두꺼비를 먹은 동물이 목숨을 잃는 일이
종종 있다.

나일농어

북아프리카가 원산지인 나일농어는 1950년대 어업을 활성화하기 위해
빅토리아 호수에 들여왔다. 가장 큰 담수 어종으로 꼽히는 이 물고기는 몸길이가 180센티미터이고
무게가 140킬로그램에 이른다. 식욕과 번식력이 왕성해서 20년 만에 200종이 넘는 다른 어종을
몰아냈다. 어부들은 살코기가 지방질로 이루어진 이 생선을 건조보다는 훈제하는 편을 택했다.
이 때문에 나무가 땔감용으로 잘리면서 호수 주변의 삼림이 파괴되는 결과를 가져왔다.

CHAPTER 2

이빨과 발톱

육식동물과 초식동물의 이빨

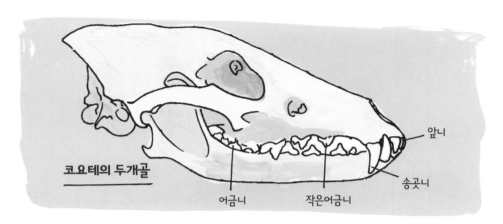

코요테의 두개골

앞니

송곳니

어금니   작은어금니

육식동물의 이빨

먹잇감으로 다른 동물을 사냥하는 동물은 먹이를 잡고, 몸통을 찢고, 고기와 뼈를 씹는 데 필요한 이빨이
특히 발달했다. 상어와 악어 같은 많은 육식동물의 이빨은 계속해서 빠지고 새로 나기 때문에
언제나 날카로운 상태를 유지한다.

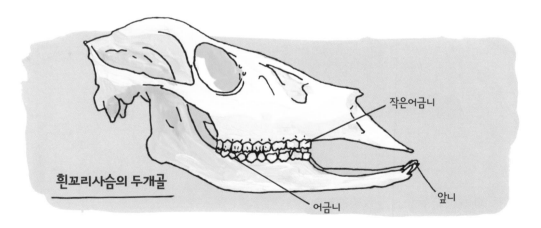

작은어금니

흰꼬리사슴의 두개골

앞니

어금니

초식동물의 이빨

풀과 그 밖의 식물을 먹는 동물은 식물을 물어뜯고 씹는 데 필요한 이빨이 특히 발달했다.
그러나 계속해서 풀을 뜯어먹으면 이빨이 닳아 버린다. 일부 설치류를 비롯한 작은 포유류는
이에 대비해 계속해서 자라는 이빨을 갖추고 있다.

사자처럼 생겼지만
영양처럼 먹는 원숭이

겔라다개코원숭이는 풀과 잎을 주로 먹는
동물치고는 사자와 상당히 비슷하게 생겼다.
수컷은 머리 주변에 덥수룩한 갈기가 있고
암수 모두 꼬리에 털로 된 술이 달려 있으며
날카로운 송곳니가 나 있다.

사람을 제외한 모든 영장류에서 잘 발달한 송곳니는
과시용일 뿐 먹이를 먹는 데는 쓰이지 않는다.
수컷은 윗입술을 젖혀 단도 같은 이빨이 늘어선
잇몸을 상당 부분 드러내며 공격성을 보인다.

겔라다개코원숭이는 아프리카 에티오피아의
높은 산에서만 살아간다. 가슴에 있는
심장 모양의 붉은색 반점 때문에
'심장에서 피를 흘리는 원숭이'로도 불린다.

시끄러운 소리를 내는 이 원숭이는
더 큰 무리를 형성하는 소규모 번식 단위로
이루어진 매우 크고 중복된
사회적 관계망 속에서 살아간다.
일부는 1,000여 마리가 하나의 집단을
이루기도 한다.

몸집에 비해 큰
겔라다개코원숭이의 송곳니는
포유류 가운데 으뜸이다.

발톱의 생김새

발톱집
속살
발톱

고양잇과 동물

야생 고양이를 비롯한 대부분의 고양잇과 동물에게는
먹이를 움켜잡고, 공격을 막아내고, 나무에 기어오를 때
길게 뻗는 발톱이 있다. 고양잇과 동물의 발톱은 길이가
늘어난다기보다는 양파처럼 층을 이루며 자란다.
발톱 끝이 닳아 없어지면 이 부분을 긁어 없애고
새롭게 날카로운 발톱을 드러낸다.

엄밀히 말하면 고양이의 발톱은 '접는' 것이 아니라 '펴는' 것이다. 쉬는 동안에는
힘을 빼서 발톱을 숨겨두었다가 필요할 때 힘줄을 당기면 발톱이 튀어나온다.

발목볼록살

발바닥
볼록살

발가락볼록살

갯과 동물

개의 발톱은 안으로
접혀 들어가지 않는다.
발톱이 자라더라도
끝부분이 닳아
없어지기 때문에
발톱이 지나치게
길어지지 않으며,
걷는 데 방해가
되지 않는다.

치타의 발톱은 고양잇과와
갯과의 중간형이다.
발톱을 펼칠 수는 있지만,
다른 고양잇과 동물과 달리
발톱을 보호하는 발톱집이
없으며 달릴 때는 미끄러지지
않도록 발에서 발톱이
튀어나온다.

멋진 발톱의 소유자들

부채머리수리

부채머리수리는 10센티미터가 훨씬 넘는
긴 발톱으로 나무에서 원숭이, 나무늘보,
주머니쥐를 낚아챌 수 있다.

회색곰 회색곰의 발톱은 최대 10센티미터가 넘을 만큼 길고 곧아서 물고기를 잡고,
나무뿌리나 말벌의 둥지를 파헤치며, 썩은 나무를 쪼개기에 유용하다.

5~10
센티미터

아이아이원숭이

마다가스카르에 사는 아이아이원숭이는
앞발가락이 긴 여우원숭이다. 유난히 긴 가운뎃발가락으로
유충을 찾아 나무를 두드린다. 먹이를 찾아내면
설치류처럼 튀어나온 이빨로 나무를 갉은 다음
가운뎃발가락 끝에 있는 날카로운 발톱으로
먹이를 찔러 나무에서 빼낸다.

왕아르마딜로

왕아르마딜로의 거대한 가운데 발톱은
굴을 파고 개미집을 망가뜨리는 데
완벽히 적응한 형태다.

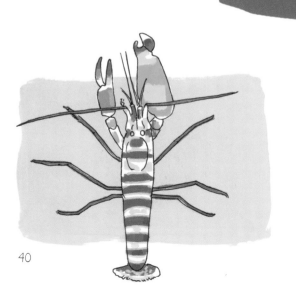

딱총새우

딱총새우는 벌어진 집게발을
재빨리 닫아서 생긴 충격파로
근처의 먹잇감을 기절시킨다.
'딱' 소리를 내며 닫힌 집게발은
날카로운 소리는 물론 번쩍이는 빛을
만들어내기도 한다!

자카나

열대 섭금류인 자카나는 '지저스버드(Jesus Bird)*'
또는 '릴리트로터(lily Trotter)**'로도 불린다.
발가락과 발톱이 길어서 물 위에 떠 있는
잎 위를 걸어다니며 곤충, 물고기,
그 밖의 작은 동물을 사냥한다.

───────────────

*   예수처럼 물 위를 걸어서 붙여진 이름이다. ─감수자
** 수련 잎(lily pad) 위를 걸어다녀서 붙여진 이름이다. ─감수자

세발가락 나무늘보

두발가락나무늘보와 세발가락나무늘보는 긴 발톱과 다부진 앞다리를 이용해
나뭇가지에 매달린다. 그에 비해 뒷다리는 땅에서 걷기도 힘들 정도로 연약하다.

사냥 전략

수많은 육식동물은 혼자서든 무리를 짓든 먹잇감을 쫓고 덮치는 방식으로 사냥한다.
그러나 좀 더 색다른 사냥 방식을 찾아낸 동물들도 있다.

거품 그물
만들기

혹등고래 무리는 물고기 떼 주변을 원을 그리며 에워싼다.
그런 다음 분수공을 통해 숨을 내쉬어
거품 '그물'을 만들고 이 그물에 물고기 떼를 가둔다.
물고기들이 방향 감각을 잃고 헤매면 고래 무리는
일제히 솟구쳐올라 물고기 떼를 한입에 삼킨다.

그물 던지기

오스트레일리아에 서식하는 투망거미는
거미줄로 만든 사각형의 작은 그물로
곤충을 잡는다. 흰 배설물을 떨어뜨려
표적을 만든 다음, 표적 위쪽에서
4개의 다리로 그물을 친 채 2개의
다리로 거꾸로 매달린다. 곤충이 표적을
지날 때 거미는 아래로 뛰어내려
곤충을 그물에 가둔다.

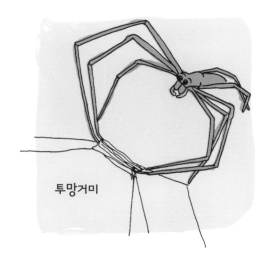

투망거미

올가미 던지기

볼라스거미는 그물 대신 한쪽 끝에 끈적끈적한
액체 방울이 달린 거미줄을 한 가닥 만들어낸다.
암컷 나방의 냄새와 비슷한 유인 물질인 페로몬을
이용해 아무것도 모르는 수컷 나방을 유인해 잡는다.

볼라스거미

유인용
울음소리 내기

남아메리카에 서식하는 몸집이 작은
살쾡이 마게이는 얼룩무늬타마린 새끼의
울음소리와 비슷한 소리를 내서
다 자란 얼룩무늬타마린이 공격 범위 안에
들어오게 유인한다고 알려져 있다.

가짜 미끼 이용하기

독사인 캔틸살모사는
벌레처럼 생긴 꼬리 끝을 흔들어
먹잇감을 불러모은다.

캔틸살모사

오스트레일리아에 서식하는
수염상어는 작은 물고기처럼
생긴 꼬리를 느릿느릿
흔들어 먹잇감을
유인한다.

수염상어

악어거북

악어거북은 입속에 있는
분홍색 돌기를 씰룩거려
먹잇감을 유인한다.

아메리카
검은댕기해오라기

진짜 미끼 이용하기

아메리카검은댕기해오라기는 나뭇가지, 곤충, 빵 부스러기 따위의 작은 미끼를 물속에 떨어뜨려 물고기가 수면으로 올라오도록 한다.

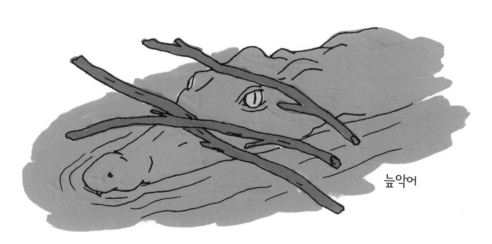

늪악어

미끼로 위장하기

인도에 서식하는 늪악어는 얕은 물에서 나뭇가지로 주둥이를 덮은 채 숨어 있다가 둥지 재료를 찾아다니는 새들이 나뭇가지를 살필 때 갑자기 달려든다.

최고의 자리

이른바 '밀림의 왕'으로 불리는 사자는
주로 초원에서 살아가며 암컷이 사냥을
대부분 책임진다. 따라서 '사바나의 여왕'이라는
별명이 더 어울릴 듯하다. 사자는 고양잇과에서
유일하게 사회적 집단을 이루어 살아간다.
사자 무리는 적게는 3~4마리에서
많게는 40마리가 하나의 집단을 이룬다.

무리에 있는 모든 암컷은 서로 밀접한 관계를
맺는다. 거의 비슷한 시기에 새끼를 낳아
공동으로 기른다. 몇몇 암컷이 먹이를 사냥하러 가면
나머지 암컷들이 함께 새끼들을 돌본다.
수컷은 으르렁거리면서 경쟁 관계에 있는
다른 수컷을 물리쳐 무리의 영역을
지키는 역할을 한다.

사자는 고양잇과에서는 유일하게 무리를 지어
사냥하지만 그렇다고 뛰어난 사냥꾼은 아니다.
직선으로 달릴 때는 시속 50~60킬로미터로
달릴 수 있으나 오랫동안 달리지는 못한다.
공격에 앞서 먹잇감에 살금살금 접근한다.
암컷이 먹이를 내려놓으면 수컷이
가장 먼저 달려들어 먹는다.
새끼들은 제일 뒷전으로 밀리는데,
먹이가 부족할 때는 굶을 수도 있다.

사자가 으르렁거리는 소리는
8킬로미터 떨어진 곳에서도
들을 수 있다.

47

사자와 하이에나는 거의 비슷한 환경에서 살아가며 적대적인 관계를 보인다.
사자는 힘센 사냥꾼이고 하이에나는 몰래 움직이는 청소동물이라는 오랜 고정관념은
뒤집히고 말았다. 이들의 생태를 연구하는 학자들은 얼룩하이에나가 동물의 사체를
가로채기 위해 접근한 사자에게 먹잇감을 빼앗긴 채 쫓겨나는 사례가 많다는 사실을
밝혀냈다.

과거에 사자가
서식했던 지역

현재 사자가
서식하는 지역

사자가 아프리카 대륙 어디서든
어슬렁거리던 시절도 있었지만,
지금은 과거 서식지의
94퍼센트에서 자취를 감추고
말았다. 먹이를 두고 벌어지는
인간과의 경쟁, 밀렵과 독살의
위협, 서식지 감소로 지난 20년
동안 사자의 개체 수는 40퍼센트
이상 줄어들었다.

출처 : Panthera.org

짙은 색을 띠는 갈기는
듬성듬성하고 짧아서
귀가 드러난다.

• 인도 구자라트에 있는
  기르국립공원에서만 서식한다.

• 오늘날 600여 마리밖에
  남지 않아 멸종 위기에 처해 있다.

• 주로 인도별사슴처럼
  작은 먹잇감을 사냥한다.

뱃가죽에
주름이 있다.

꼬리와 팔꿈치 털이
확실히 눈에 띈다.

한 무리는 수컷 1마리와 암컷 2~3마리로 이루어진다.

아시아사자와
아프리카사자

수북한 갈기가
머리 전체와 목을 덮는다.

• 주로 동아프리카와 남아프리카에
  서식한다.

• 4만 마리 미만으로 멸종에
  취약하다.

• 얼룩말, 누, 아프리카물소 같은
  큰 먹잇감을 사냥한다.

꼬리와 팔꿈치 털이
보잘것없다.

뱃가죽에
주름이 없다.

한 무리는 2마리 이상의
수컷과 6마리 이상의
암컷으로 이루어진다.

하이에나에 대한 오해

사람들의 하이에나에 대한 인식은
오랫동안 좋지 않았지만, 사회성과 지능이
높은 이 동물은 더 좋은 평판을 받을 만한
자격이 있다. 주로 동물의 사체를 먹는
청소동물로 알려진 하이에나는
혼자서든 무리를 짓든 사냥에도 뛰어난
소질을 보인다. 게다가 사체를 한 조각도
남김없이 먹어치워 청소부로서도
중요한 역할을 한다.
단단하고 강한 턱으로 뼈를
산산조각 낸 다음 위산이 많이
분비되는 뱃속에서 소화한다.

하이에나는 얼룩하이에나,
줄무늬하이에나, 갈색하이에나,
땅늑대의 4종이 있다. 아프리카 전역과
아시아 일부 지역에서 살아간다.
갯과보다는 고양잇과에 더 가깝고
하이에나과를 형성한다.

줄무늬하이에나

얼룩하이에나

갈색하이에나

땅늑대

최상위 포식자

다양한 생태계에서 먹이사슬의 꼭대기를 차지하는 동물은 다른 동물을 먹지만
그 자신은 천적이 없는 최상위 포식자다.

북극곰
육지에서 살고 있는 가장 큰 육식동물이다.

범고래
몸집이 큰 백상아리도 사냥할 수 있다.

호랑이
가장 큰 송곳니(7~10센티미터)를
가진 육식동물이다.

검독수리
시속 240킬로미터로 급강하해
먹이를 낚아챈다. 간혹 자기 몸집만 한
먹이도 사냥한다.

바다악어
몸길이가 5미터가 넘고,
몸무게가 450킬로그램에 이르며,
시속 30킬로미터로 헤엄칠 수 있다.

코모도왕도마뱀
몸길이가 최대 3미터에 이르고,
몸무게가 130킬로그램이 넘으며,
맹독을 품고 있다.

팬서가 판다가 아니라고?

표범을 뜻하는 팬서(Panther)는 발음이 비슷하여 판다(Panda)와 혼동할 수 있는데,
전혀 다른 동물이다. 표범속(*Panthera*)에는 사자, 호랑이, 재규어, 표범이 포함된다.
팬서는 지역에 따라 서로 다른 동물을 가리킬 수도 있다.
전 세계 대부분 지역에서는 표범을 가리키지만 라틴아메리카에서는 대개
재규어를 의미한다.

사자

호랑이

재규어

표범

재규어는 반점 속에 반점이 있다.
표범은 반점 속에 반점이 없다.

북아메리카에서 팬서는 쿠거, 산사자로도
불리는 퓨마를 의미한다.
퓨마는 엄밀히 말해서 팬서라고 할 수 없다.
왜냐하면 퓨마는 퓨마속에 속하기 때문이다.

퓨마는 한때 남아메리카와 북아메리카 전역을
어슬렁거렸지만, 오늘날은 서식지가 급격히
줄어들었다. 미국 동부의 대부분 지역에서
멸종한 것으로 보이지만,
간혹 목격담이 전해지기도 한다.
아종인 플로리다퓨마는 남은 개체 수가
200마리도 안 돼 멸종 위기 상태에 놓여 있다.

퓨마/쿠거/산사자

흑표범

흑표범은 표범이나 재규어 중에서
털 색깔이 검은 개체를 말한다. 이들 역시
몸에 반점이 있다. 털에 멜라닌이나
어두운 색소가 지나치게 많아서
검은색을 띤다.

몸집이 큰 고양잇과 동물 가운데
사자, 호랑이, 재규어, 표범만
어흥 소리를 내고,
퓨마는 날카로운 소리를 낸다.

호랑이 분류

시베리아호랑이

호랑이의 아종 6종 가운데 몸집이 가장 큰 시베리아호랑이는
몸무게가 300킬로그램가량이고 코에서 꼬리까지 몸길이가
최대 3~4미터에 이른다. 전 세계 호랑이의 절반 가까이 되는 벵골호랑이는
몸무게가 200킬로그램이 넘고 몸길이가 3미터에 이른다.
암컷은 수컷보다 작은 편이다.

백호는 벵골호랑이 중에서
보기 드문 유전자 변이종이다.

백호

흰 호랑이든 황갈색을 띤 일반 호랑이든 저마다 고유한 줄무늬가 있다.

호랑이는 발가락에 물갈퀴가 있어서
뛰어난 수영 실력을 뽐낸다.
물속에 있는 것을 좋아하는 것처럼 보인다.

매력적인 치타

몸집이 큰 고양잇과 동물 가운데 하나로 분류되나 몸이 길고 호리호리한 치타는
몸무게가 기껏해야 60킬로그램 남짓이다. 예리한 시력과 시속 100킬로미터에
이르는 놀라운 달리기 속도를 자랑한다. 치타는 주로 낮에 먹이 사냥에 나서
사자와의 경쟁을 어느 정도 피한다.

치타는 짖고, 가르랑거리고, 울고,
으르렁거리는 소리를 내지만,
큰 소리로 포효하지는 않는다.

치타의 얼굴에 있는 눈물 자국 같은
'티어 마크(tear mark)'는
강한 햇빛에 눈이 부시는
것을 막아준다.

반점으로 구분하기

서벌 —
(사하라 사막
이남의 아프리카)

삵 —
(아시아 남부,
남동부, 동부)

오실롯 (북아메리카 남부, 중앙아메리카,
남아메리카 북부)

검은발살쾡이
(남아프리카)

붉은점박이삵
(스리랑카, 인도 일부)

스페인스라소니
(유럽 남서부)

조프루아고양이
(남아메리카 중남부)

마게이 (중앙아메리카, 남아메리카)

붉은스라소니
(북아메리카)

재규어런디

머리는 납작하고 귀는 작으며, 몸은 길쭉한 데다
다리가 짧은 재규어런디는 작은 수달과
다소 비슷하게 생겼다. 짧고 덥수룩한 털은
붉은색과 회색을 띤다. 한배의 새끼들에게서
두 색깔이 동시에 나타날 수도 있다.
야생의 고양잇과 동물 가운데 유일하게
귀 뒤쪽에 대비색이 나타나지 않는다.

가르랑거리는 소리, 깩깩거리는 소리,
찍찍거리는 소리를 비롯해 적어도
13가지의 다양한 신호음을 내는
재규어런디는 고양잇과 동물치고는
놀라운 어휘력을 보여준다.

퓨마의 사촌뻘 되는 재규어런디는
중앙아메리카와 남아메리카 전역에
널리 분포한다. 기어오르는 데 선수이지만
대개는 지상에서 설치류, 조류, 파충류를
사냥한다. 야생에서 살아가는 대부분의
고양잇과 동물에 비해 낮에 활동적이며
둘씩 짝을 지어 다니는 모습이 목격된다.

포사

고양이? 개? 몽구스? 포사는 전형적인 '밀림의 왕'처럼 보이지 않을지도 모르지만, 마다가스카르에서는 최상위 포식자다. 몽구스와 사향고양이의 친척뻘 되는 포사는 잡을 수 있는 것은 무엇이든 먹지만 가장 좋아하는 먹이는 여우원숭이다.

포사의 몸길이는 2미터 가까이 되며, 그중 절반은 꼬리가 차지한다. 균형을 잡아주는 꼬리와 움켜잡는 데 이용되는 한 쌍의 날카로운 발톱 덕분에 나무 위든 땅이든 가리지 않고 날렵하게 뛰어오르거나 기어오를 수 있다.

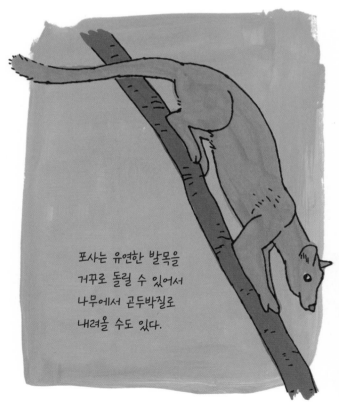

포사는 유연한 발목을 거꾸로 돌릴 수 있어서 나무에서 곤두박질로 내려올 수도 있다.

전 세계의 곰

북극곰

- 지상에서 가장 큰 육식동물이다.
- 피부색은 검고, 털은 흰색이 아니라 반투명하다.
- 한 번에 70킬로그램 정도 먹을 수 있고, 그 후로 며칠 동안은 아무것도 먹지 않는다.

회색곰

- 숲, 툰드라, 산, 심지어 사막 지대에서도 살아간다.
- 시속 50킬로미터의 속도로 달릴 수 있다.
- 가을에는 게걸스러울 정도로 많이 먹고, 동면을 하는 겨울철에는 몸무게의 3분의 1이 줄어든다.

흑곰

- 금색, 붉은색, 여러 색조의 갈색을
  비롯해 다양한 색을 띤다.
- 꽥꽥거리고 끙끙거리는 소리부터
  만족한 듯 가르랑거리는 소리에
  이르기까지 다양한 소리를 낸다.
- 나무에 등을 대고 문지르거나
  나무껍질을 긁고 물어뜯어
  자신의 체취를 남긴다.

안경곰

- 대개 나무 위에서 지내며 심지어 잠을 자기도 한다.
- 주로 식물, 그중에서도 특히 브로멜리아드를 먹고
  살아가지만 곤충이나 작은 동물도 먹는다.
- 안경처럼 독특한 흰색의 무늬가 있다.

대왕판다

- 톱밥 제조기가 망가질 정도로 단단한 죽순도
  씹어먹을 수 있다.
- 호기심과 장난기가 많고 재주넘기를 좋아한다.
- 매우 드물게 갈색과 흰색을 띤 판다가
  태어나기도 한다.

태양곰

- '개곰' 또는 '벌꿀곰'으로도 불린다.
- 이름과는 달리 야행성이다.
- 기어오르는 능력이 뛰어나 나무에서 많은 시간을 보낸다.

느림보곰

- 나무늘보와 관계가 있다고 여겨지던 때도 있다.
- 대개 흰개미와 개미를 잡아먹고 과일도 먹는다.
- 어미가 새끼를 등에 태우고 다니는 유일한 곰이다.

반달가슴곰

- 나무에서 많은 시간을 보낸다.
- 설 때도 많고 직립해 걷기도 한다.
- '아시아흑곰'으로도 불린다.

곰이 아닌 울버린

울버린은 작은 곰처럼 보이지만
수달, 족제비, 스컹크 등이 포함된
족제빗과 동물 가운데 육지에서 사는
가장 큰 동물이다. 식물도 먹지만
혼자 살아가는 울버린은 기세만 잡으면
자기 몸집의 몇 배나 되는 개체와도 맞붙는
사나운 사냥꾼으로 알려져 있다.
썩은 고기를 먹고 굴 속에서
동면 중인 먹잇감을 찾아내기도 한다.

이빨과 턱은 뼈를 부수고
씹을 정도로 강하다.

몸무게는 10~20킬로그램이며, 몸길이는 꼬리를 포함해 80~110센티미터에 이른다.

울버린의 새끼는
태어날 때는
흰색이다.

저녁밥으로 물고기를 잡는 동물들

고기잡이삵

- 남아시아와 동남아시아에 서식한다.
- 먹이의 4분의 3은 물고기다.
- 물속에서도 헤엄을 잘 친다.
- 집고양이의 2배 정도 된다.

물고기를 하룻밤에 30마리나
먹어치울 수도 있다.

**고기잡이
박쥐**

- 중앙아메리카와 남아메리카에 서식한다.
- 반향정위*를 이용해 수면 근처에서 물고기를 정확하게 찾아낸다.
- 발가락이 길고 발톱이 날카로운 발로 물고기를 덮쳐 잡아챈다.
- 박쥐의 배설물이 쌓여 굳은 구아노(guano)는 먹이에 따라 색깔이 다르다.
  물고기는 검은색, 갑각류는 붉은색, 조류와 곤충류는 갈색과 초록색을 띤다.

---

* 동물이 소리나 초음파를 내어서 그 돌아오는 메아리 소리에 의하여
  상대와 자기의 위치를 확인하는 방법을 말한다. ─옮긴이

아프리카바다수리

- 주로 호수와 강어귀에서 먹이를 사냥한다.
- 물새도 바다수리의 먹이가 된다.
- 날개 길이는 암컷이 최대 2.5미터,
  수컷이 최대 2미터에 이른다.

물수리는 옮기기 힘들 만큼
무거운 물고기를 잡으면
먹이를 바닷물에 떨어뜨린 다음
날개로 쳐가면서 해안까지 옮긴다.

사냥하는 물고기

물총고기는 물을 내뿜어 곤충을
물속으로 떨어뜨리고, 아로와나는
물 밖으로 2미터 가까이 뛰어올라
나뭇가지에 매달린 곤충과 작은 새를
낚아챌 수 있다.

지네

아로와나

다양한 피셔

흔히 피셔캣(Fisher Cat)으로 불리는 피셔(Fisher)는 이름과는 달리
물고기를 먹지도 않고 고양잇과도 아니다. 족제빗과에 속한
중간 크기의 피셔는 캐나다와 미국 북부에 서식한다.
피셔는 산토끼를 비롯한 작은 동물을 주로 잡아먹지만
스라소니처럼 몸집이 큰 동물과의 대결도 서슴지 않는다.

피셔캣

피셔는 산미치광이(호저)를
먹이로 삼는 몇 안 되는 포식자
가운데 하나다. 산미치광이의
머리를 공격해 방향 감각을
잃게 만든 다음 거꾸로 뒤집어
배를 갈기갈기 찢는다.

산미치광이(호저)

작지만 강한 동물들

짧은꼬리땃쥐

짧은꼬리땃쥐는 북아메리카에서 유일하게
침에 독이 있는 동물이다.
곤충, 작은 도마뱀, 도롱뇽, 뱀, 쥐를 잡아먹는다.

쇠족제비

지구상에서 크기가 작은 육식동물 가운데 하나인
쇠족제비는 주로 작은 설치류를 사냥하지만
이보다 몇 배나 큰 토끼도 죽일 수 있다.

아메리카황조롱이

아름다운 아메리카황조롱이는
북아메리카에서 가장 작은 매로 꼽힌다.
이보다 작은 참새만 한 매는
인도반도와 동남아시아에서 발견된다.

타란툴라의 생김새

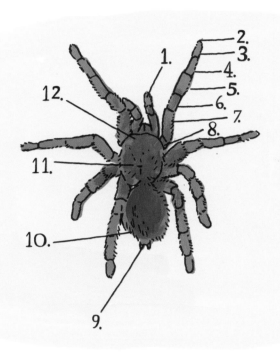

1. 더듬이다리
2. 발톱
3. 발끝마디
4. 발바닥마디
5. 종아리마디
6. 무릎마디
7. 넓적다리마디
8. 도래마디
9. 방적돌기
10. 쐐기풀 같은 털
11. 배갑(등딱지)
12. 눈

크고 털이 많은 타란툴라

지구상에서 가장 큰 거미로 꼽히는 타란툴라는
거의 모든 대륙의 따뜻한 지역에 서식한다.
타란툴라로 분류되는 수백 종 가운데 대부분은
남아메리카가 원산지다.

이 야행성 사냥꾼은 거미줄을 치는 대신
먹잇감에 몰래 접근하여 붙든 다음
독니로 물어 죽인다. 다양한 종류의 곤충은 물론
생쥐, 뱀, 개구리 등을 잡아먹는다.

붉은다리타란툴라

대개 수컷은 짝짓기 직후에
죽지만, 암컷은 최대 25년 동안
살 수 있다. 암컷은 한 번에
1,000개의 알을 낳은 뒤에
부화할 때까지 6~9주 동안
곁에서 지킨다.

타란툴라사냥벌은 타란툴라를 독으로
마비시켜 뱃속에 하나의 알을 낳는
몸집이 큰 기생벌이다. 알이 부화해
유충이 되면 여전히 살아 있는
숙주(타란툴라)를 먹고 성장한다.

타란툴라사냥벌

큰 이빨을 가진 큰 물고기

백상아리

몸길이가 4.5~5미터에 이른다.
최대 300개의 이빨이 줄지어 늘어서 있으며,
이빨은 평생에 걸쳐 새로운 이빨로 교체된다.

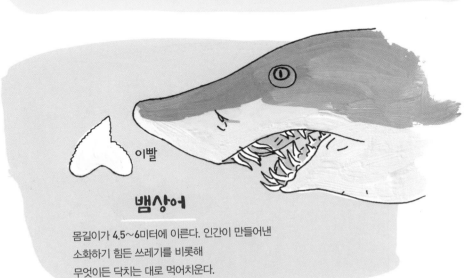

이빨

뱀상어

몸길이가 4.5~6미터에 이른다. 인간이 만들어낸
소화하기 힘든 쓰레기를 비롯해
무엇이든 닥치는 대로 먹어치운다.

곰치

일부 종은 몸길이가 3~3.5미터에 이른다.
곰치의 인두턱에 있는 두 번째 이빨 세트는
먹이를 잡아채 삼키는 데 사용된다.

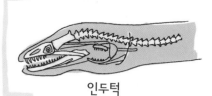

인두턱

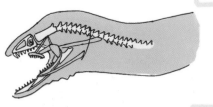

큰꼬치고기

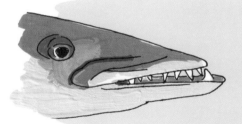

몸길이가 최대 3미터에 이른다. 시력에 의지해
사냥하고 작은 물고기는 절반쯤 물어 죽인다.

톱가오리

몸길이가 최대 6미터에 이른다.
이빨이 많이 달린 주둥이를 이용해
가까이에 있는 먹잇감이 만들어내는
약한 전기장을 감지한다.

수리들

관뿔매(왕관수리)

아프리카의 강력한 포식자인 관뿔매는 자기
몸집의 4배가 넘는 동물을 죽일 수도 있다.

참수리

몸무게가 10킬로그램에 육박하고 날개폭이
2.5미터에 이르는 대형 조류다. 연어를 먹이로
삼는 참수리는 일본과 러시아의 일부 지역에
서식하며, 멸종 위기 취약종으로 분류된다.

쐐기꼬리수리

오스트레일리아에서 가장 큰 맹금류인
쐐기꼬리수리는 날갯짓 없이도
한 시간 넘게 하늘 높이 날 수 있다.

필리핀수리

원숭이잡이수리로도 알려진 이 수리는
필리핀에서 숲이 우거진 4개의 섬에서만
서식하는 심각한 멸종 위기종이다.

대부분의 맹금류는
암컷이 수컷보다 크다.

달마수리

아프리카의 많은 지역에서 발견되는
달마수리는 특이하게 암수가
서로 다른 깃털을 가지고 있어서
암수 구별이 쉬운 맹금류에 속한다.

수컷

암컷

잔점배무늬수리

아프리카에서 가장 크고 힘이 센 하늘의 포식자로 꼽힌다.
먹이를 잡을 기회만을 호시탐탐 노리는 잔점배무늬수리는
5킬로미터 떨어진 곳에 있는 먹잇감도 찾아낼 수 있다.

부엉이*의 생김새

1. **귀**   깃털로 덮여 있어 보이지 않으며, 소리 나는 곳을 더 정확하게 알아내기 위해 양쪽 귀의 위치가 비대칭이다.**

2. **눈**   관 모양이고, 눈구멍(안와)에서 움직이지 않으며, 두개골의 40퍼센트가량을 차지한다.

3. **안면판**   얼굴 주변의 뻣뻣한 털이 소리를 귀로 전달한다.

4. **부리**   날카롭고 뾰족해서 먹이를 갈가리 찢는 데 적합하다.

5. **목뼈**   14개의 목뼈는 머리를 270도 회전할 수 있게 해준다.

6. **깃털**   가장자리의 깃털 덕분에 은밀한 비행을 할 수 있으나 모든 올빼미가 그런 것은 아니다.

7. **발톱**   먹이를 잡기에 유리한 갈고리 모양이다.

8. **대지족**   발가락 2개는 앞을 향하고 다른 2개는 뒤를 향해 있다.

---

*   우리나라에서는 귀깃이 있으면 부엉이, 없으면 올빼미로 구분하지만 부엉이와 올빼미 모두 올빼미속에 속한다. —감수자

**   부엉이의 머리에 귀처럼 보이는 깃털인 '귀깃'은 정확한 기능은 모르지만 듣는 것과는 관련이 없다. —감수자

블래키스톤
물고기잡이부엉이

가장 큰 부엉이로 꼽히는 물고기잡이부엉이는 키가
90센티미터가 넘고 날개폭은 거의 2미터에 이른다.
일본과 러시아의 일부 지역에서 서식하며,
강기슭을 따라 물고기와 개구리를 사냥한다.

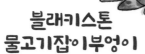

안경올빼미

멕시코, 중앙아메리카, 남아메리카 북부가 원산지인
안경올빼미는 독특한 얼굴 무늬 때문에 붙여진 이름이다.

올빼미 새끼는 흰 바탕에 검은 안반이 있는데
성체가 되면 두 색이 뒤바뀐다.

안경올빼미 새끼

쇠참새올빼미

참새 크기의 이 작은 맹금류는 곤충을
잡아먹는다. 미국 남서부와 멕시코의
사막 지역에서 산다.

긴꼬리올빼미

최고의 비행 실력을 뽐내는 긴꼬리올빼미는
대개 설치류를 사냥하지만 공중에서 작은 새도 낚아챌 수 있다.
알래스카부터 러시아에 이르는 북반구의 한대수림에서 산다.

위에서 내려다본 머리

- 머리가 길고 V자형이다.
- 입을 다물었을 때 네 번째 이빨이 보인다.
- 몸색깔이 어둡다.
- 민물과 바다 모두에서 산다.
- 더 공격적이다.
- 전 세계에 걸쳐 분포한다.

크로커다일과
앨리게이터

위에서 내려다본 머리

- 머리가 넓고 U자형에 가깝다.
- 입을 다물었을 때 이빨이 보이지 않는다.
- 몸색깔이 밝다.
- 민물에 더 잘 적응해 살아간다.
- 덜 공격적이다.
- 미국과 중국에만 서식한다.

악어는 햇볕을 쬐거나 서늘한 그늘을 찾아 섭씨 30~33도의
체온을 유지한다. 일광욕을 즐길 때도
몸의 나머지 부분은 따뜻하게 데우면서도 입을 '크게 벌려'
머리는 차가운 상태로 만든다.

킬러 도마뱀

미국독도마뱀

미국이 원산지로 가장 큰 도마뱀인 미국독도마뱀(힐러몬스터)은 독이 있는 몇 안 되는
도마뱀 가운데 하나다. 이 도마뱀은 독을 주입하기보다는 먹잇감을 잡아채고 물어뜯어
이빨에 있는 홈을 통해 신경독을 먹잇감의 상처로 밀어넣는다.

몸무게가 2킬로그램이 넘고 몸길이가 최대 60센티미터에 이른다.
꼬리에 지방을 저장해두고 몇 달 동안 아무것도 먹지 않은 채 지낼 수 있다.

멕시코독도마뱀

멕시코와 과테말라 남부에 서식하는
이 독도마뱀은 작은 구슬 같은 비늘로
덮여 있다. 낮에는 대개 굴 속에서
지내다가 밤이 되면 새와 파충류를
비롯한 작은 먹잇감을 찾아
나무로 기어오른다.

퍼렌티왕도마뱀

오스트레일리아가 원산지인 이 도마뱀은
무리를 이루지 않고 혼자 살아간다.
길고 튼튼한 꼬리로 먹잇감을 타격하여
먹잇감이 죽으면 통째로 삼킨다.

코모도왕도마뱀

인도네시아의 몇몇 섬에 서식하는
이 육중한 도마뱀은 자기 몸무게의
80퍼센트 정도 되는 먹이를 한 번에
삼킬 수 있다. 천적의 위협을 받아 도망을 치거나
짝짓기철에 암컷을 두고 수컷끼리 맞붙게 되면
녀석들은 먹은 것을 게워내
우선 몸을 가볍게 한다.

독수리가 지나간 자리

썩은 고기를 먹는 독수리와 같은 동물은 썩어가는 사체의 잔해를 처리해 질병의 확산을
막는 데 도움을 주기 때문에 생태계에서 중요한 역할을 한다. 전 세계에 23종의 독수리가
분포하며 독수리가 살지 않는 곳은 오스트레일리아와 남극 대륙뿐이다.

대부분의 독수리는 기류를 이용해 하늘 높이 날아오르고 별다른 노력 없이 몇 시간이고
상공에 떠 있을 수 있는 멋진 비행 솜씨를 자랑한다. 어떤 독수리는 다른 포식자가
사냥하거나 독수리들이 모여 있는 곳을 지켜보면서 시력을 이용해 사냥한다.
그러나 대개는 뛰어난 후각을 이용해 죽은 동물의 위치를 찾아낸다.

주름민목독수리

가장 큰 아프리카독수리인 주름민목독수리는
목 옆에 두껍게 접힌 피부 때문에
이런 이름을 얻었다. 썩은 고기를 먹는 다른 새들과
마찬가지로 서식지 감소와 인간의 약탈로
위협을 받고 있으며, 독이 든 고기를 먹고
죽는 일도 흔하다.

칠면조콘도르

낮에는 혼자 다니다가 밤이 되면 30마리
이상의 큰 무리를 짓는다. '쇠콘도르'로도
알려져 있으며, 북아메리카에 가장 널리
서식하는 종이다. 암컷은 동굴이나 땅 위에
알을 낳는다. 암컷과 수컷이 모두 알을 품고
어린 새끼를 돌본다.

오색머리콘도르

다채로운 색을 띠는 오색머리콘도르의 머리는
검은색과 흰색의 깃털이 대비를 이룬다.
멕시코 남부에서 아르헨티나 북부까지 분포하며
평생 짝을 바꾸지 않는다. 흔히 동물의 사체에
가장 먼저 도착하는 이 포식자는 비교적 약한
부리를 가지고 있어서 자신보다 강한 새들이
가죽을 찢는 동안 사체의 눈을 먹을 것이다.

CHAPTER 3

풀 뜯는 동물들

- 도망치는 먹잇감에 집중할 수 있도록
두 눈이 얼굴 앞쪽에 자리 잡고 있다.

- 세로로 길쭉하거나 둥근 눈동자는 가장
가까운 먹이와 가장 멀리 떨어진 먹이
사이의 거리를 판단하는 데 유리하다.

- 좌우 양쪽 눈으로 보는 양안 시력이 좋다.

포식자

포식자와 먹잇감

어떤 동물이 사냥감이 될지 사냥꾼이 될지는 눈의 위치를 보면 알 수 있다.
"눈이 옆으로 나면 숨어야 할 팔자고, 눈이 앞으로 나면 사냥할 팔자다"라는 옛말이 있다.

먹잇감

- 좌우 양쪽 눈의 폭이 넓어 주변 시력이
좋다.

- 가로로 길쭉한 눈동자는 눈앞의 전경을
한눈에 볼 수 있게 해준다.

- 머리를 위아래로 움직일 때마다 초점이
바뀐다.

오카피

- 기린의 사촌뻘 되는 동물이다.
- 혀가 귀에 닿을 정도로 길다.
- 나뭇잎, 과일, 풀 따위를 먹는다.
- 물에 닿으려면 다리를 벌려야
  한다.

기린영양

- 목이 긴 영양이다.
- 뒷다리로 선 채 사방을
  둘러본다.
- 영양과 가젤이 닿을
  수 없는 높이에 있는
  나뭇잎을 먹는다.
- 필요한 수분은 모두
  식물을 통해 얻는다.

기린의 생김새

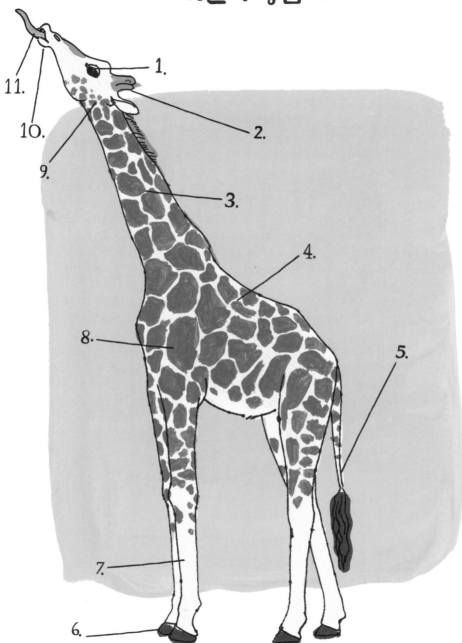

11.

1.

2.

10.

9.

3.

4.

8.

5.

7.

6.

1. **눈** 　 발 아래와 몇 미터 앞을 동시에 볼 수 있다.

2. **뿔** 　 뼈로 이루어져 있으며 피부와 털로 덮여 있다. 암수 모두 갖고 있다.

3. **목** 　 7개의 뼈로만 이루어져 있으며 각각의 뼈는 최대 길이가 25센티미터에 이른다.
　　 목의 절구관절은 유연성을 높여준다.
　　 대형 인대는 목 근육을 잘 받쳐준다.
　　 특수한 동맥이 머리로 가는 혈류를 조절한다.

4. **반점** 　 어두운 반점은 땀샘과 혈관 다발을 통해 열을 배출한다.

5. **꼬리** 　 꼬리 끝에 긴 술이 달려 있어 곤충을 때리기에 좋다.

6. **발굽** 　 발끝이 2개로 갈라진 발굽은 지름이 대략 30센티미터에 이른다.

7. **정강이** 　 단단한 정강이는 혈압을 조절한다.

8. **심장** 　 무게가 10킬로그램이 넘으며 1분에 60~90회 뛴다.

9. **목 관절** 　 머리를 거의 수직으로 들어올려 먹이에 닿을 수 있게 한다.

10. **입술** 　 잎을 조금씩 뜯어먹을 정도로 움직이기 쉽고 민감하다.

11. **혀** 　 45센티미터가 넘는 긴 혀는 햇볕에 타지 않도록 검은색을 띤다.

기린의 임신 기간은 14~15개월이고,
몸무게가 45~70킬로그램에
키가 2미터 가까운 새끼를 한 마리 낳는다.
새끼는 태어난 지 몇 시간 만에
어미보다 빨리 뛰어다닐 수 있다.

기린은 주로 아카시아나무 잎을 먹는데, 휘감을 수 있는 45센티미터의 긴 혀와 움직임이 자유로운 입술을 이용해 가시 사이에 붙은 나뭇잎을 떼어낸다. 또한 동물의 사체에서 뼈와 뿔을 핥거나 씹어먹는 방식으로 식물성 먹이에서 얻기 힘든 칼슘과 인 따위의 영양소를 얻기도 한다.

10~20마리씩 무리를 지어 살아가는 다 자란 기린에게는 사자와
악어 말고는 자연계의 천적이 없다. 그러나 인간의 위협 때문에
아프리카에 서식하는 4종의 기린 가운데 2종은 멸종 위기에
놓이게 되었다.

키가 큰 기린의 무리는
'타워(tower)'로 불린다.

각질로 이루어진 뿔

뿔에는 뼈로 된 속심이 있고 겉에는 손톱과 같은 재질인 각질이 덮고 있다.
뿔은 두개골이 영구적으로 확장한 것으로 소, 양, 염소, 영양을 비롯한 수많은
솟과 동물의 암컷과 수컷에게서 모두 볼 수 있다. 뿔은 동물이 성장함에 따라
점차 커진다.

보스(boss)는 뿔이 만나는
이마의 골판을 가리킨다.

아프리카물소

이 물소는 위협을 받으면
아프리카에서 가장 사나워지는
야생동물로 꼽힌다.

오릭스영양

암컷의 뿔이 수컷보다 길다.

부하라마코르

코르크 따개처럼 생긴
나선형 뿔은 1.5미터 이상
자랄 수 있다.

검은영양

학명인 *Hippotragus niger*는
'거무스름하고 염소처럼
생긴 말'을 의미한다.

스프링복

발굽 4개를 모두 공중으로 띄워 높이 뛰어오르는
것은 스프링복과 일부 영양에게서 흔히 볼 수
있는 행동이다. 스프링처럼 위아래로 튀어오르는
'프론킹(pronking)'이나 '스토팅(stotting)' 같은 동작은
천적에게 쫓길 때 나타나기도 하지만
단순히 장난을 치는 것일 수도 있다.

아이벡스

흡착판 역할을 하는 발굽은 아이벡스가
이탈리아 북부 알프스산맥에 있는
신지노 댐처럼 거의 수직에 가까운
경사면을 기어오를 수 있게 해준다.

돋보이는 사슴뿔

사슴뿔은 처음에는 연골로 이루어졌다가 나중에 단단한 뼈로 바뀐다.
뿔이 자라는 동안에는 성장하는 조직에 혈액을 공급하는 '벨벳'같이 부드러운 피부로 덮인다.
해마다 떨어지고 새로 자라는 뿔은 사슴과에 속한 동물의 수컷에서 주로 볼 수 있다.

말코손바닥사슴

건강한 말코손바닥사슴의 뿔은
하루에 0.45킬로그램가량
자란다.

붉은큰뿔사슴

네 번째로 큰 사슴종인
붉은큰뿔사슴은 뿔이 15개의 가지로
갈라지면서 자라기도 한다.

인도별사슴

인도반도에 주로 서식하는 인도별사슴은
다 자라더라도 특이하게 몸에 반점이
그대로 남아 있다.

카리부

북아메리카 순록인 카리부는 암컷도 가지가
갈라진 뿔이 자라는 유일한 종이다.

와피티사슴

수컷은 '버글링(bugling)'으로
불리는 큰 울음소리를 내
짝짓기할 암컷을 유인한다.

영양

영양은 솟과에 속한 동물 가운데
소, 양, 염소가 아닌 동물을 가리킨다.
영양에는 91종이 있으며 대부분
아프리카에 서식한다.

어깨높이가 낮은 것은 25센티미터,
높은 것은 180센티미터에 이를 정도로
다양하고, 뜯어먹은 풀과 나뭇잎을
되새김질하고 소화하는 데 필요한
여러 개의 위를 가진 반추동물이다.
어떤 종이든 수컷은
갈라지지 않은 뿔이 있으며
일부 종의 암컷 역시 뿔이 있다.

커크작은영양(Kirk`s Dik-Dik)

몸집이 작은 이 영양은 평생 일부일처제로
살아간다. '딕딕'이라는 이름은 암컷이 내는
휘파람 같은 경고음에서 유래했다.

니알라

수컷은 나선형의 긴 뿔이 있으나
수컷보다 몸집이 훨씬 작은 암컷은
뿔이 없다. 암수 모두 줄무늬가
있지만, 수컷은 나이가 들면서
줄무늬가 점차 희미해진다.

늪영양

중간 크기의 늪영양은
굽고 벌어진 발굽과
물이 스며들지 않는
텁수룩한 외피를 두르고 있어
늪지대에서 살아가는 데 적합한
신체 조건을 갖추고 있다.

봉고

몸에 흰 줄무늬가 있고
외피가 붉은빛을 띠는 몸집이 큰
이 영양은 울창한 삼림에서
살아간다. 봉고는 염분과
무기질을 얻기 위해 불에 탄
나무를 조금씩 먹는다.

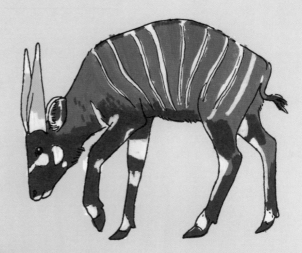

일런드영양

수컷은 몸무게가 1톤 가까이
되고 몸길이도 최대 3.4미터에
이르지만, 정지 상태에서
1.2미터의 울타리를 뛰어넘을
정도로 민첩하다.

로열영양

영양 중에서 몸집이 가장 작아서
꼬마 영양이라고도 부르는 이 영양은
몸무게가 1.8킬로그램에 불과하며
서아프리카의 울창한 열대우림에서 산다.
현지에서는 '산토끼의 왕'으로 알려져 있다.
산토끼와 마찬가지로 뒷다리가
앞다리보다 길어서 한 번에 3미터 가까이
뛰어오른다.

로열영양

산토끼

발굽의 생김새

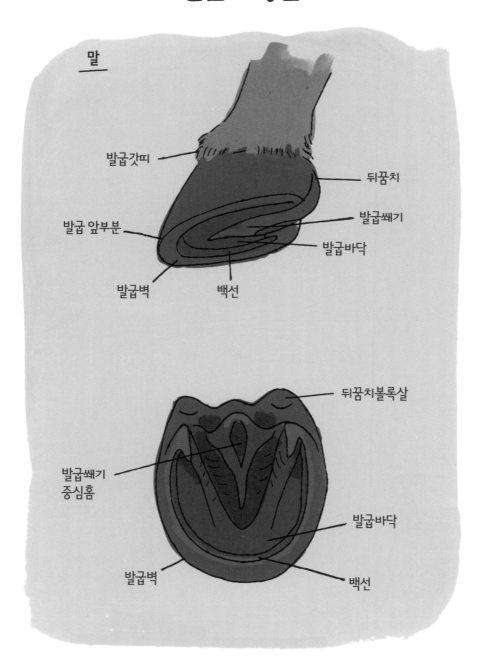

말

발굽갓띠

뒤꿈치

발굽 앞부분

발굽쐐기

발굽바닥

발굽벽

백선

뒤꿈치볼록살

발굽쐐기
중심홈

발굽바닥

발굽벽

백선

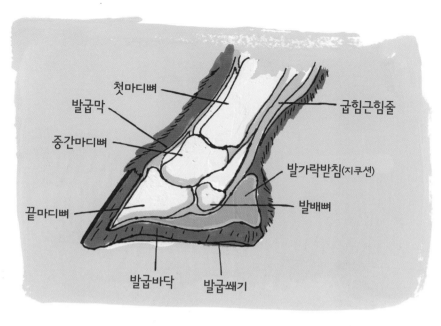

첫마디뼈

발굽막

중간마디뼈

굽힘근힘줄

발가락받침(지쿠션)

끝마디뼈

발배뼈

발굽바닥   발굽쐐기

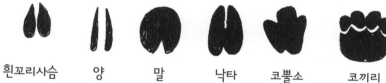

흰꼬리사슴   양   말   낙타   코뿔소   코끼리

발굽이 있는 포유류를 유제류라고 한다. 유제류의 발굽은 바닥이 단단하거나 말랑하며,
끝이 홀수나 짝수로 갈라진다. 손톱이나 발톱과 마찬가지로
발굽도 각질로 되어 있으며 계속해서 자란다.

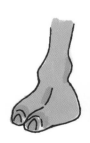

갈라지지 않은
발굽(얼룩말)

2개로 갈라진
발굽(낙타)

3개로 갈라진
발굽(코뿔소)

4개로 갈라진
발굽(코끼리)

얼룩말의 생김새

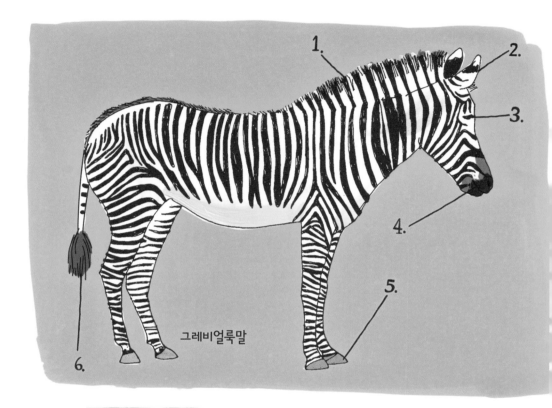

그레비얼룩말

1. **갈기**   머리 뒤로 곧게 서 있으며 귀 사이에는 없다.

2. **귀**   큰 귀는 뛰어난 청각을 자랑한다.

3. **눈**   두 눈이 멀리 떨어져 있어서 올빼미처럼 어둠 속에서도 볼 수 있다.

4. **이빨**   계속해서 자라지만 풀을 세게 뿌거나 씹는 동안 닳는다.

5. **발굽**   끝이 갈라지지 않은 발굽은 시속 55킬로미터로 달리거나 천적을 걷어찰 수 있을 만큼 튼튼하다.

6. **꼬리**   끝부분에 달린 술로 곤충을 후려친다.

말과에 속한 얼룩말은
말과 가까운 사촌뻘이다.
얼룩말은 크게 그레비얼룩말,
산얼룩말, 사바나얼룩말로 나뉜다.
종마다 다양한 줄무늬가 있으며,
지문과 마찬가지로 개체마다
고유의 무늬를 지니고 있다.

사바나얼룩말

얼룩말은 대개 흰 바탕에 검은 줄무늬로 묘사된다. 줄무늬 아래의 피부는 검은색을 띤다.
얼룩말의 줄무늬는 다음과 같은 역할을 한다.

위장	한데 섞인 얼룩말 떼는 천적이 한 마리를 공격 대상으로 삼기 어렵게 만든다.
곤충 퇴치	흡혈파리를 비롯한 기생충은 줄무늬에 당황해서 얼룩말에 내려앉지 않으려고 한다.
열 조절	검은 털은 열을 흡수하고 흰 털은 열을 반사한다.

산얼룩말

야생마

미국 서부와 그 밖의 지역에 서식하는 야생마는
가축으로 사육되던 말에서 비롯되었으며,
엄밀히 따지면 길들지 않은 상태의 말을
가리킨다. 오늘날까지 살아 있는 진정한 의미의
야생마는 몽골의 대초원에 사는 '프르제발스키의
말(Przewalski's Horse)'이 유일하다.

몽골에서 '타히(takhi)'로 불리는 이 야생마는 20세기 초에
들어와 거의 자취를 감추고 불과 14마리만이
야생에서 포획되었다. 이 야생마는 지금도 여전히
찾아보기 어려우며 2,000마리 정도만 남아 있다.
대부분은 동물원에서 살고 있지만, 1992년 몽골은
야생마 일부를 다시 들여와 야생에 풀어주었다.

프르제발스키의 말

야생당나귀

소말리아야생당나귀
다리에 줄무늬가 있는
유일한 당나귀다.

아시아당나귀 중국과 몽골을 비롯한 아시아 일부 지역에서
아종 3종이 살아간다.

티베트당나귀 →
야생당나귀 가운데 몸집이
가장 커서 어깨높이가
1.4미터에 이른다.

가지뿔영양의 특이한 사례

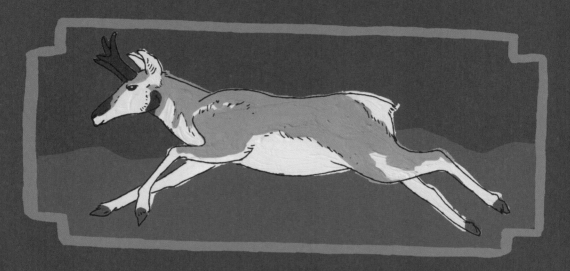

영양이 아니라 기린과 친척뻘이라고?

- 뿔은 영구적이지만 영양처럼 해마다 각질층이 자라고 떨어져나간다.

- 시속 90킬로미터로 달릴 수 있어 치타에 이어 두 번째로 빠르다. 어떠한 천적도 그렇게 빨리 달리지 못한다.

- 서식지별로 어떤 가지뿔영양은 계절에 따라 최대 240킬로미터를 이동하지만 일부는 여건이 될 때만 이동을 하고, 나머지는 1년 내내 한 곳에 머문다.

고개를 숙이고 풀을 뜯는 동물에는 얼룩말, 코끼리, 토끼, 캥거루 등이 있다.

남부흰코뿔소

초식동물은 먹이에 따라 크게 두 부류로 나눌 수 있다. 고개를 들고 풀을 뜯는 동물은 잎, 나무껍질, 어린 가지, 관목, 덤불, 키 큰 식물 따위를 먹는다. 그에 비해 고개를 숙이고 풀을 뜯는 동물은 풀이나 그 밖의 키 작은 식물을 먹는다.

고개 숙이고 풀 뜯는 동물과 고개 들고 풀 뜯는 동물

두 유형의 동물은 먹이를 두고 서로 경쟁하지 않기 때문에 자연스럽게 함께 살아간다. 그리고 대개는 먹이를 통해 얻은 많은 양의 셀룰로스와 섬유질을 소화하는 데 필요한 특별한 장내 세균을 갖고 있다.

고개를 들고 풀을 뜯는 동물에는 기린,

염소, 사슴, 영양, 아이벡스 등이 있다.

톰슨가젤

사향소

북극 환경에 기가 막히게 적응한 사향소는
이중으로 된 두툼한 외피를 지니고 있다.
'키비우트(qiviut)'로 불리는 짧고 미세한
솜털층 위로 길고 무거운 보호털이 덮여 있다.
밑털은 봄에 털갈이를 하는데 이누이트인들은
이 털로 뜨개질을 해서 스카프와 모자를
비롯한 의류를 만든다.

사향소는 늑대 또는 가끔 마주치는 곰 외에는
이렇다 할 천적이 없다. 공격을 받으면
사향소 무리는 새끼와 허약한 개체를
가운데로 보내고 주위를 에워싼다.
뾰족한 뿔을 바깥쪽으로 내민 채 어깨를
나란히 하는 전략은 상당한 효과를 거둔다.

사향소라는 이름은 짝짓기철에 수컷이
풍기는 독특한 냄새 때문에 붙여졌다.

들소

'들소'와 '버펄로'는 이따금
혼용되기도 하지만 이들은
다른 종이다. 아메리카들소와
그 사촌뻘인 유럽들소는
초원과 숲에서 사는
몸집이 거대한 동물이다.

들소는 텁수룩한 털이 덮인 외피와
다부진 몸매로 혹독한 겨울에
잘 적응했다. 목에 있는 커다란 혹과
육중한 두개골을 이용해 눈더미를
옆으로 밀치고 풀을 찾아낸다.
암수 모두 구부러진 짧은 뿔을
갖고 있다.

들소 수천만 마리가
북아메리카의 평원과 숲을
어슬렁거리던 시절도 있었지만,
19~20세기 들어와 그 수가
급격히 감소했다.

현재 3만 마리로 추산되는
아메리카들소가 국립공원의 관리를
받으며 살아가고 있으며,
고기를 얻기 위해 수많은 들소가
사육되고 있다. 유럽들소는
사냥 때문에 멸종되다시피 했으나
몇몇 나라에서는 들소를
다시 들여와 복원 중이다.

아메리카들소

유럽들소

들소는 큰 덩치에 비해 놀라울 정도로 민첩하다.
시속 55킬로미터로 달리고 1.2미터 높이의
울타리도 뛰어넘을 수 있다.

아프리카물소

아프리카물소는 다른 솟과 동물에 비해 특이한 행동 습성을 보여준다.
가령 새끼는 어미의 옆이 아닌 뒤에서 젖을 빤다.

수컷은 최대 폭이 1.8미터에 이르는
무시무시한 뿔을 자랑한다.

소들은 가고자 하는 쪽을 바라보며 시각적으로 의사소통을 한다.
많은 소들이 같은 방향을 바라보면 무리는 그곳을 떠나게 된다.
아프리카물소는 과거에 자신을 공격한 사람과 사자를
뒤쫓는 것으로 알려져 있다.

코끼리 잡학 사전

코끼리의 코(trunk)는 코와 윗입술이
결합한 부위로서 나무를 뿌리째 뽑을 만큼
강하면서도 풀 한 포기만을
뜯어낼 정도로 섬세하다. 코끼리는
사람이 손을 쓰듯 코를 이용하는
한편으로 코로 숨도 쉬고 물을 얼마간
빨아들인 다음 입으로 흘려보내
마시기도 한다.

코끼리는 풀, 관목, 잎, 열매,
작은 나무의 어린 가지와 껍질을 비롯해
계절에 따라 어떤 종류의 식물이든 먹는다.
이렇게 활발한 신진대사를 위해
하루 평균 16시간 동안 먹기도 한다.

코끼리의 피부는 2.5센티미터가 넘는
두툼한 부위도 있지만, 곤충과 햇볕에
타는 것에 매우 민감하다. 코끼리는
물속에 몸을 담그거나 진흙에서
뒹굴거나 몸에 흙을 끼얹어 피부를
보호한다. 깊게 팬 주름은 수분을
가두어 몸의 열기를 식혀준다.
귀를 퍼덕이는 행위 역시
코끼리가 체온을 낮추는 방법이다.

코끼리 사회

코끼리 무리는 가장 나이가 많은 암컷 우두머리가 이끈다. 우두머리의 오랜 기억과 삶의 경험은
무리를 먹이, 물, 안전한 장소로 이끈다. 암컷은 대개 무리와 함께 머물지만 젊은 수컷은
따로 무리를 형성한다. 나이가 많은 수컷은 대체로 오랫동안 단독 생활을 한다. 가족으로 이루어진
코끼리 무리는 먹이를 찾아 멀리 이동하는 과정에서 더 큰 무리와 합쳐지기도 한다.

코끼리의 엄니인 상아는 평생에 걸쳐
자란다. 상아는 물과 먹이를 찾기 위해
땅을 파헤치거나 무언가를 들어
올리거나 방어용으로 쓰인다. 코끼리는
4개의 어금니도 갖고 있는데, 나이가
들면서 최대 여섯 차례 교체될 수 있다.
어금니 하나는 벽돌 한 장 크기이고
무게는 2.3킬로그램까지 나가기도 한다.

상아의 마모 형태는 코끼리가
왼쪽과 오른쪽 중에 어느 쪽을
좋아하는지를 알려준다.

코끼리는 물속에 몸을 담그거나
진흙에서 뒹굴거나 몸에 흙을
끼얹어 피부를 보호한다.

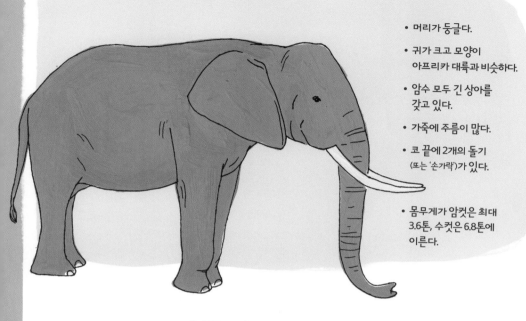

- 머리가 둥글다.
- 귀가 크고 모양이 아프리카 대륙과 비슷하다.
- 암수 모두 긴 상아를 갖고 있다.
- 가죽에 주름이 많다.
- 코 끝에 2개의 돌기 (또는 '손가락')가 있다.
- 몸무게가 암컷은 최대 3.6톤, 수컷은 6.8톤에 이른다.

아프리카코끼리와
아시아코끼리

- 머리 중앙이 움푹 들어가 혹이 2개 있는 것처럼 보인다.
- 귀가 작고 둥글다.
- 대개 수컷에게서만 짧은 상아를 볼 수 있다.
- 가죽이 매끄럽다.
- 코 끝에 1개의 돌기가 있다.
- 몸무게가 암컷은 대략 2.7톤, 수컷은 5톤에 이른다.

코끼리의 코는 모든 동물을 통틀어
가장 명성이 높다. 코끼리는
길고 민감한 코로 숨을 쉴 뿐만 아니라
물을 마시고 목욕하고
몸의 열기를 식히고 나뭇가지 따위를
집어들어 옮기기도 한다.

아시아코끼리   아프리카코끼리

1개의 손가락   2개의 손가락

이름에
'코끼리'가 붙은 동물들

코끼리땃쥐

놀랍게도 코끼리땃쥐는 수천 년을 거슬러 공통 조상에
이르면 코끼리와 실제로 연관이 있다. 이 공통 조상의
후손들은 아프로테리아(아프리카의 공통 조상에서 진화한
포유류)라는 분류군에 속한다.

코끼리물범

코끼리물범은 독특한 모양의 코를 이용하여 숨을 쉴 때
수분을 회수하므로 육상에서도 촉촉한 상태를
유지할 수 있다. 암컷보다 코가 훨씬 큰 수컷은 짝짓기철에
코를 부풀려 으르렁거리는 소리를 낸다.

코끼리코물고기

코끼리코물고기의 가늘고 긴 턱은 약한 전기 파동을
내보내 먹잇감을 찾는 데 도움을 준다.

하마

수컷 하마는 몸무게가 2.3톤에 이르기도 한다. 하마는 무리를 지어 살아가며
낮에는 대개 물속에서 보내다가 밤이 되면 물 밖으로 나와 풀을 뜯어먹는다.
육지에서는 놀라울 정도로 민첩하고, 물속에서는 매우 위험하며
배를 공격하는 것으로 알려져 있다.

하마는 코끼리, 코뿔소와 더불어
체급이 가장 큰 육지 동물
가운데 하나로 꼽힌다.

하마는 거대한 턱을 150도가량 벌릴 수 있다.
수컷은 크고 날카로운 송곳니를 이용해 경쟁자를
물리치며 간혹 심각한 상처를 입히기도 한다.

하마는 땀을 흘리는 대신 기름기가 있는 붉은
액체를 분비해 피부가 건조해지지 않게 하는
동시에 햇볕에 타지 않게 보호한다. 이 액체는
감염을 예방하는 데도 도움이 되는 것처럼 보인다.

배설할 때는 두껍고 납작한 꼬리를 이용해
배설물을 여기저기 퍼뜨려서 영역을 표시하고
자신의 지위를 뽐낸다.

호아친

독특한 조류로 꼽히는 호아친(영어 발음은 '왓슨')은
거의 잎만 먹는데, 사슴이나 소처럼
박테리아가 먹이를 흡수하기 좋도록 분해한다.
호아친의 위와 모래주머니는 다른 새들보다 매우 작다.
호아친은 근육이 빈약한 데다 두 공간으로 나뉜
모이주머니가 너무 커서 잘 날지 못한다.

소화 과정에서 호아친은 불쾌한 냄새를 풍겨
사람들이 사냥을 많이 하지 않는다.

호아친은 우기에는 물에 잠기는 아마존강
유역의 침수림에서 무리를 지어 산다.
물 위로 드리워진 나무에 나뭇가지로
둥지를 짓는다.

뱀이나 원숭이 같은 천적의 위협을 받은
새끼 호아친은 물속으로 뛰어든다.
새끼는 헤엄을 칠 수 있으며 태어날 때부터
날개에 갈고리 모양의 발톱이 달려 있어서
둥지로 다시 기어오를 수 있다.

호아친에게는 '고약한 냄새를
풍기는 새'라는 별명이 붙어 있다.

호아친 둥지

114

소등쪼기새와 황로

진드기와 파리를 비롯한 기생충은 무리를 지어 살아가는 수많은 동물에게
심각한 골칫거리다. 소등쪼기새와 황로는 솟과 동물은 물론
다양한 종의 동물들에게 청소부의 역할을 한다.

황로

황로는 풀을 뜯어먹는 동물의
무리를 따라다니면서 동물들의
발굽이 휘저어놓은 메뚜기와
작은 척추동물을 잡아먹는다.
그뿐 아니라 몸집이 큰 동물의 가죽에
달라붙은 진드기와 흡혈파리를
쪼아 먹는다.

노랑부리소등쪼기새

노랑부리소등쪼기새는 털 속을 샅샅이
뒤지는 데 적합한 납작한 부리와
어떤 각도에서든 매달릴 수 있는 긴 발톱을
가지고 있다. 한 마리의 소등쪼기새는
하루에 진드기 수백 마리를 잡아먹을 수 있어
혹멧돼지, 기린, 사자, 하마 같은
다양한 동물에게 도움을 준다.
또한 귀지를 파먹기도 하고
피를 좋아해서 동물의 벌어진 상처를
부리로 쪼아 피를 빨아먹기도 한다.

라마와 알파카

남아메리카가 원산지인 라마와 알파카는 짐을 실어나르는
가축으로 사육되었다. 털 때문에 몸값이 오른 녀석들은
오늘날 전 세계에서 찾아볼 수 있다.

라마나 알파카의 새끼는
'크리아(cria)'라고 부른다.

과나코

라마와 알파카의 사촌뻘인
과나코와 비쿠냐는
야생 상태로 살아간다.

비쿠냐

낙타의 생김새

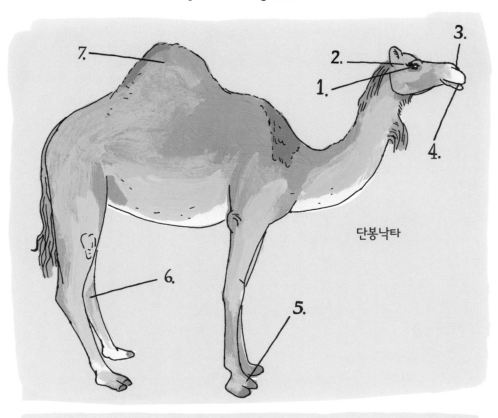

단봉낙타

1. **눈꺼풀** 눈꺼풀을 깜박이면 내부의 막이 눈 위로 미끄러지듯 움직여 눈을 보호한다.
2. **속눈썹** 매우 길고 2줄로 되어 있어 먼지가 들어가지 않는다.
3. **콧구멍** 모래 폭풍이 불 때는 닫을 수 있다.
4. **입술** 갈라진 윗입술은 따로따로 움직인다.
5. **발** 모래 위에서 이동할 때 늘어나는 두껍고 질긴 발바닥살에 발가락이 2개 있다.
6. **뒷다리** 누울 때면 경첩처럼 접힌다.
7. **혹** 물이 아니라 지방이 저장되어 있다.

낙타는 선인장(가시 포함)을 비롯해
다양한 식물을 먹는다. 혹에 충분한 양의
지방이 저장되면 물을 마시지 않고도 1주일 이상,
먹이를 먹지 않고도 몇 달 동안 생존할 수 있다.

대부분의 포유류와 달리 쌍봉낙타는 염분이 있는
물을 마실 수 있다. 갈증을 느낀 낙타는
불과 몇 분 만에 110리터가 넘는 물을
들이켜기도 한다.

쌍봉낙타

낙타는 앞다리와 맞은편 뒷다리가 함께 움직이지 않고 기린과 마찬가지로
같은 쪽에 있는 앞다리와 뒷다리가 함께 움직인다. 이처럼 효율적인 걸음걸이 덕분에
시속 40킬로미터의 일정한 속도를 유지할 수 있다.

CHAPTER 4

사회적 관계망

영장류 집단

영장목에는 몸집이 작은 마모셋원숭이와 눈이 큰 로리스원숭이부터
원숭이 중에 가장 큰 맨드릴개코원숭이와 육중한 마운틴고릴라에 이르기까지
매우 다양한 종이 포함된다.

= 인간이 아닌 영장류가
사는 지역

영장류는 전 세계 곳곳에 서식하지만, 대부분의 종은 특정한 지역에서 살아간다.

인간은 지구 전체에 널리 분포하는 유일한 영장류 종이다.
영장류의 60퍼센트는 서식지 감소로 멸종 위기에 처해 있다.

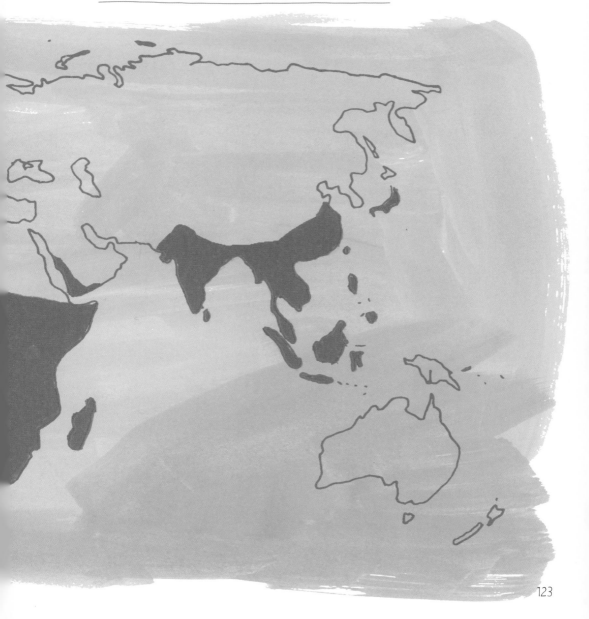

유인원

긴팔원숭이

긴팔원숭이는 가장 작은 유인원으로
꼽힌다. 몸집이 훨씬 큰 사촌뻘 되는
다른 유인원과 달리 가늘고 긴 팔과
갈고리 모양의 손가락을 이용해
'양손으로 번갈아가며 나뭇가지에 매달려'
날렵하게 공중그네를 타면서
주로 나무 위에서 시간을 보낸다.

흰손긴팔원숭이

대부분의 긴팔원숭이는 태어날 때는
흰색이지만 자라면서
점차 몸색깔이 바뀐다. 일부 종에서
수컷의 털은 검은색을 띠지만
암컷은 담황색이나 황갈색을 띤다.

긴팔원숭이는
뒷다리로 걸을 때
머리 위로 긴 팔을
들어올린다.

침팬지

침팬지는 인간과 **DNA**만 공유하는 것이 아니다.
우리 인간과 마찬가지로 침팬지는
복잡하고 위계질서가 있는 사회 집단에서
살아가면서 가족이나 친구와 심리적 유대감을
형성하고 다양한 방식으로 의사소통을 한다.
또한 텃세가 심해서 다른 무리에서 온
침입자를 죽이기도 한다.

나뭇가지를 이용해 흰개미를 잡고
딱딱한 나무 열매를 돌로 내려쳐 쪼개는 것 외에도
침팬지 무리는 함께 힘을 합쳐
원숭이와 작은 영양 같은 동물을 사냥한다.

고릴라보다 침팬지가
인간과 한층 밀접하다.

보노보

보노보는 침팬지보다 작고 호리호리하다.
중앙아프리카의 콩고민주공화국에만 서식한다.
협력적이고 다툼을 싫어하는
보노보의 모계 사회는 영장류 집단에서
매우 보기 드문 모습이다.

오랑우탄

오랑우탄은 보르네오섬과 수마트라섬에만
서식한다. 팜유 농장을 만들기 위해 불을
놓는 방식의 산림 파괴는 오랑우탄을
멸종 위기로 몰아넣었다.
무리를 이루지 않고 대개 혼자 나무에서
살아가는 이 유인원은 주로 나무 열매를 먹는다.
수컷은 암컷보다 몸집이 2배 가까이 크고
성장함에 따라 뺨에 '플랜지(flange)'로
불리는 두툼한 혹이 나타난다.
암컷은 대략 8년에 한 번씩 새끼를 낳고
몇 년 동안 새끼를 돌본다.

고릴라

고릴라는 동부고릴라와 서부고릴라,
그리고 몇몇 아종으로 나뉜다.
모두 심각한 멸종 위기에 놓여 있다.
사하라 사막 이남의 아프리카에 있는
울창한 산림 지역에서 산다.
이 온순한 초식동물은 열 살 무렵이 되면
나타나기 시작하는 은백색 털 때문에
'실버백(silverback)'으로 불리는
수컷 우두머리가 이끄는
소규모 가족 단위로 살아간다.

협비류 원숭이*

마카크

파타스원숭이

랑구르

- 아프리카, 아시아, 지브롤터에 서식한다.

- 지상이나 나무 위에서 생활한다.

- 꼬리는 움켜쥐기에 적합하지 않다. 일부 종에는 꼬리가 없다.

- 콧구멍은 바짝 붙어 있고 코끝이 튀어나와 있다.

- 암수가 섞인 무리 속에서 살아간다. 수컷은 새끼 양육에는 거의 관여하지 않는다.

맨드릴개코원숭이

개코원숭이(비비)

* 콧구멍 사이가 좁고 콧구멍이 아래를 향하는 원숭이로 유인원과 구대륙 원숭이가 속한다. —감수자

광비류 원숭이*

고함원숭이
(짖는원숭이)

다람쥐원숭이

흰머리카푸친

- 중앙아메리카와 남아메리카에 서식한다.
- 대부분의 종이 나무 위에서 생활한다.
- 꼬리가 길고 일부 종은 꼬리로 휘감아 움켜쥘 수도 있다.
- 납작한 코에 콧구멍이 멀리 떨어져 있다.
- 일부일처의 가족 단위로 살아가면서 새끼를 기른다.

대머리
우아카리

검은수염사키

---

* 콧구멍 사이가 넓고 콧구멍이 앞을 향하는 신대륙 원숭이 무리를 말한다. ─감수자

붉은정강이두크

멋진 매무새를 보이는 이 원숭이는 '숲의 여왕' 또는 '차려입은 유인원'으로 불린다.
암수 모두 다채로운 색을 띠는 부드러운 털로 치장하고 있다.
검은색 어깨와 허벅지 덕분에 은색의 등과 배, 흰 팔뚝이 돋보이며,
밝은 적갈색의 '레깅스'를 입은 듯한 정강이 때문에 붉은정강이두크라는 이름이 붙여졌다.

여기에 목 부분의 적갈색 얼룩과 검은색 모자, 흰 테두리를 두른 2가지 색조의
복숭앗빛 얼굴에 보이는 앙증맞은 콧구멍과 연청색의 눈꺼풀이
전체적으로 조화를 이룬다. 흰색을 띤 긴 꼬리 가장자리에는 삼각형 반점이 나 있다.
수컷은 그런 삼각형 위로 흰 반점이 있다.

마모셋과 타마린

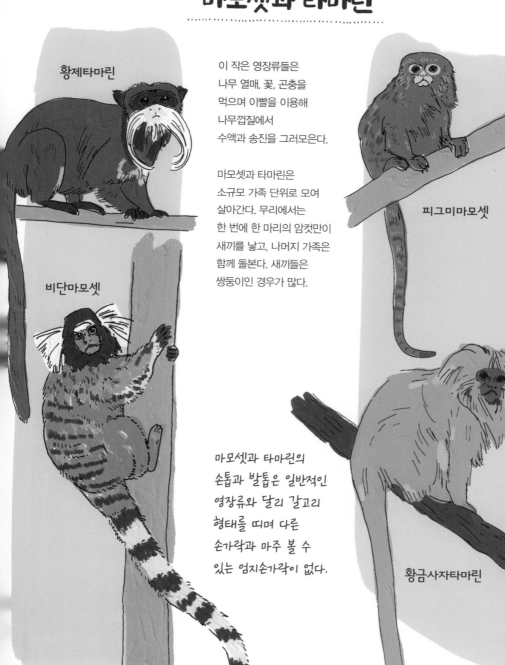

황제타마린

피그미마모셋

비단마모셋

황금사자타마린

이 작은 영장류들은
나무 열매, 꽃, 곤충을
먹으며 이빨을 이용해
나무껍질에서
수액과 송진을 그러모은다.

마모셋과 타마린은
소규모 가족 단위로 모여
살아간다. 무리에서는
한 번에 한 마리의 암컷만이
새끼를 낳고, 나머지 가족은
함께 돌본다. 새끼들은
쌍둥이인 경우가 많다.

마모셋과 타마린의
손톱과 발톱은 일반적인
영장류와 달리 갈고리
형태를 띠며 다른
손가락과 마주 볼 수
있는 엄지손가락이 없다.

서로 핥아주기

....

동물들이 서로 핥아주는 것을 그루밍(grooming)이라고 하는데 의사소통을 하고,
유대감을 형성하고, 사회 질서를 유지하고, 기생충을 없애는 데 중요한 역할을 한다.

마코앵무새는 짝짓기 상대의 깃털을
다듬어주면서 친밀감을 강화한다.

꿀벌은 서로의 몸에 묻은 꽃가루와
먼지를 털어준다.

얼룩말을 비롯한 말과 동물은
그루밍 상대의 목과 어깨를
조금씩 물어뜯는다.

사자는 서로 머리를 비벼대고
핥아주는 방식으로 무리 속에서
관계를 유지한다.

여우원숭이를 비롯한 원원류는
두툼한 털을 헤집기에 알맞은
독특한 발톱을 갖고 있다.

여느 영장류와 마찬가지로 일본원숭이
역시 혈연관계가 아닌 개체보다는
가족끼리 더욱 자주 털을 다듬어준다.

티티원숭이는 서로 꼬리를 휘감아
상대와의 유대감을 강화한다.

몇 종의 기각류

대부분의 기각류(물범, 바다사자, 물개, 바다코끼리 등 지느러미 형태의 발을 가진 해양 포유동물)는 번식기에 큰 무리를 이룬다.

큰바다사자

큰바다사자는 콧바람을 불고, 쉭쉭거리고, 트림 소리를 내고, 으르렁거리고, 클릭음을 내면서 육지와 물속에서 서로 소통한다.

캘리포니아바다사자

캘리포니아바다사자는 북아메리카와 중앙아메리카의 서부 연안에 거대한 군집을 이루며 서식한다.

물개

물개는 작은 귓바퀴가 드러나 있고
앞으로 회전하는 뒷지느러미가 있어서
물범과 달리 육지에서도 이동할 수 있다.

바다코끼리

바다코끼리는 기각류 가운데 몸집이 큰 편이다.
수컷은 몸무게가 1.5톤에 이르고
몸길이가 3미터가 넘는다. 암컷의 몸집은
수컷의 절반가량 된다. 암수 모두 바깥쪽으로
드러난 송곳니에 해당하는 엄니가
최대 90센티미터까지 자라며 굵은 콧수염이 난다.

바다코끼리는 엄니를 이용해 얼음에 숨구멍을
뚫기도 하고 물 밖으로 나올 때 도움을
받기도 한다. 수컷은 엄니로
자신의 영역을 필사적으로 지켜내고
암컷을 차지하기 위해 싸운다.
또한 민감한 콧수염으로 해저에서 새우, 게,
연체동물을 비롯한 다양한 먹이를 찾아다닌다.

코끼리물범

코끼리물범은 북극곰보다 몇 배나 크고
몸무게가 3.5톤에 이르기도 한다.

웨들해물범

웨들해물범은 얼음 천장에 거품을
불어넣어 틈새에 숨어 있는 물고기를
몰아내는 방식으로 남극의 얼음
밑에서 사냥한다.

줄무늬몽구스

- 남아프리카와 중앙아프리카의 동부와 동남부의 초원과 탁 트인 숲에서 살며, 주로 곤충을 먹이로 삼는다.
- 암수컷이 섞여 최대 40마리의 무리를 짓기도 하지만 대개는 20마리 내외의 무리를 이룬다.
- 천적에 대한 방어 차원에서 무리를 지어 모여 있거나 이동함으로써 몸집이 큰 동물로 보이는 효과를 노린다.
- 어린 몽구스는 혈연관계가 아닌 어른 몽구스와 함께 지내면서 먹이 찾는 법을 배운다.

미어캣

- 남아프리카의 탁 트인 초원에 서식하며, 주로 곤충을 잡아먹는다.
- 미어캣은 다양한 가족이 10~15마리씩 무리 지어 살아간다.
- 사회성이 높아 소곤거리는 소리, 으르렁거리는 소리, 방어적인 경고음을 비롯한 적어도 10가지가 넘는 발성음으로 소통을 한다.

미어캣은 무리가 먹고 노는 동안
번갈아가면서 보초를 선다.

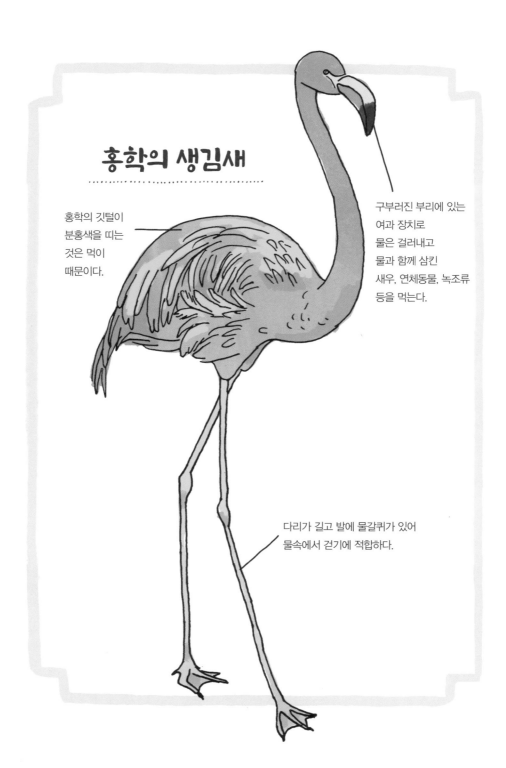

홍학의 생김새

홍학의 깃털이
분홍색을 띠는
것은 먹이
때문이다.

구부러진 부리에 있는
여과 장치로
물은 걸러내고
물과 함께 삼킨
새우, 연체동물, 녹조류
등을 먹는다.

다리가 길고 발에 물갈퀴가 있어
물속에서 걷기에 적합하다.

화려한 자태를 뽐내는 홍학

지구상에 존재하는 6종의 홍학은 대개 남아메리카와 아프리카에서
큰 무리를 지어 살아간다. 어린 새끼는 몸이 흰색을 띠고 부리가 곧지만
자라면서 몸색깔이 바뀌고 부리가 구부러진다.

벌거숭이두더지쥐

개미와 벌은 개별 개체보다는 무리를 중요하게 여기는 동물로 알려져 있다. 이런 사회에서 집단은 새끼 낳는 일을 전담하는 여왕벌이나 여왕개미를 중심으로 돌아간다. 다른 구성원들은 유충을 기르고 먹이를 수집하며 위협에 맞서 무리를 지키는, 각자 맡은 임무를 수행한다.

벌거숭이두더지쥐는 이와 비슷하게 발전된 사회 구조를 가졌다고 알려진 두 종류의 포유류 (다른 하나는 다마랄랜드두더지쥐) 가운데 하나다.

여왕

한배에 낳는 새끼는 평균 12마리이지만
최대 30마리에 이르기도 한다.
이는 포유류 가운데 가장 많은 숫자다.

땅을 파는
갱부

흙을 실어나르는 청소부

땅을 파는 역할을 맡은 두더지쥐들은 팀을 이루어 움직이며,
생산 라인 방식으로 흙을 뒤로 전달해 밖으로 내보낸다.

일꾼 두더지쥐는 계속해서 자라는 긴 이빨로
땅을 판다. 이때 흙이 입에 들어가지 않도록
입술이 이빨 뒤쪽을 막아준다.

두더지쥐는 덩이줄기를 비롯한 땅속 식물을 먹고 살아가며,
물은 전혀 마시지 않는다.

몸집이 작은 동물치고는 수명이 길다.
사육 상태에서 최대 30년을 살 만큼
놀라운 수명을 자랑한다.

박쥐의 세계
·····················

박쥐는 전 세계적으로 1,400여 종이 분포할 만큼 설치류에 이어 포유류에서
두 번째로 큰 분류군을 이룬다. 이들은 해충을 잡아먹고,
식물의 꽃가루받이를 도와주며, 씨앗을 퍼뜨리는 등 생태계에서 중요한 역할을 한다.

날개폭이 1.8미터에 이른다.

황금관날여우박쥐

황금관날여우박쥐는 과일박쥐 가운데 가장 큰 종이다.
말레이시아와 필리핀에 서식하는 이 박쥐는 수백 또는
수천 마리씩 무리를 지어 살아간다.

날개폭이 16~17센티미터에 이른다.

뒤영벌박쥐 →

지구상에서 가장 작은 포유류인 뒤영벌박쥐는 꼬리는 없지만
놀라울 정도로 큰 귀를 갖고 있다. 이 박쥐의 무리는 작아서
기껏해야 100마리를 넘지 않는다. 태국 서부 지역과 미얀마에 서식한다.

늙은이박쥐

날개폭이 1.5미터에 이른다.

무리를 이루지 않고 혼자 살아가는
몇 안 되는 박쥐다. 북아메리카 전역에
분포하는데, 겨울이면 따뜻한 곳을 찾아
이동한다. 낮에는 한 발로 나뭇가지에
매달려 꼬리막으로 몸을 감싸
마치 마른 나뭇잎처럼 보인다.

갯과 동물의 세계

갈기늑대

남아메리카에서 가장 큰 갯과 동물인 갈기늑대는
갈기늑대속(*Chrysocyon*)에 속한 유일한 종이다.
스컹크가 내뿜는 액체와 비슷한 오줌 냄새를 풍긴다.

승냥이

'아시아들개' 또는 '휘파람들개'로 불리며
몸집이 큰 편에 속한다.
휘파람 소리, 날카로운 비명,
고양이 울음소리, 심지어
암탉 우는 소리까지 내면서
서로 소통한다.

에티오피아늑대

설치류 사냥에 뛰어난 소질을
보이는 이 사냥꾼은
지구상에서 가장 희귀한 갯과 동물로
현재는 500마리도 채 남지 않았다.

아프리카들개

사회성이 높은 이 갯과 동물은 무리를 지어
사냥하며 함께 새끼를 기른다. 그리고 재채기 같은
다양한 몸짓과 발성음을 이용해 소통한다.
사회성을 보이는 종으로는 특이하게
수컷은 자신이 태어난 무리에 남지만
암컷은 새로운 무리를 찾아 떠난다.

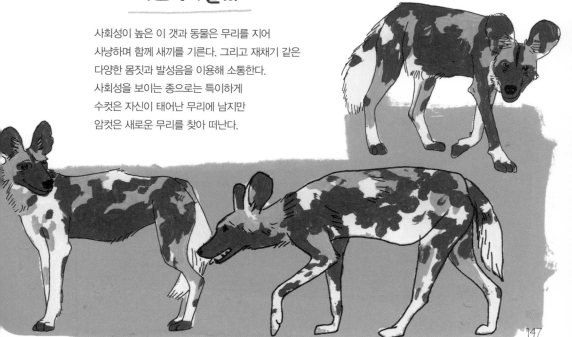

147

여우의 세계

페넥여우

여우 중에 가장 작은 페넥여우는
전체 몸길이의 3분의 1을 차지할
정도로 긴 귀를 갖고 있다.

북극여우

두툼한 외피, 털이 수북하게 덮인 발, 작은 귀는
영하로 떨어지는 기온에서도 살아남기 위해 적응한 결과다.

벵골여우(인도여우)

인도반도에만 서식하는
이 호리호리한 여우는
다양한 곤충, 작은 설치류, 새,
식물 따위를 먹이로 삼는다.

블랜포드여우

바위가 많은 지형에서 기어오르고
뛰어오르는 데 적합한 신체 구조를
갖고 있다. 구부러진 발톱으로 바위에
매달리고, 넓고 두툼한 꼬리로는
균형을 잡는다.

벨록스여우

고양이 크기의 이 여우는 한때 멸종 위기까지
이르렀으나 북아메리카 대평원 지역인
그레이트플레인스와 캐나다 남동부에서
회복세를 보이고 있다.

149

CHAPTER 5

동물들의 집 짓기

집주인

도가머리딱따구리는 개체 수는 적지만 생태계에 큰 영향을 미치는 핵심종이다. 일부일처로 살아가는 한 쌍의 딱따구리는 죽은 나무에 큰 구멍을 파 둥지로 사용하지만 이 둥지를 재사용하는 법이 거의 없다. 덕분에 큰갈색박쥐, 알락꼬리고양이, 북부하늘다람쥐 등 20종이 넘는 동물들에게 보금자리를 제공한다.

굴을 은신처로 이용하는 동물도 많다.

1차 굴착자   실제로 굴을 파는 동물

2차 개조자   버려진 굴을 넘겨받아 자신에게 맞게 일부를 개조하는 동물

거주자   굴을 있는 그대로 이용하는 동물

땅거북은 1차 굴착자의 훌륭한 사례에 속한다. 몸무게가 7킬로그램에 불과하지만 튼튼한 다리와 단단한 발톱을 갖춘 이 핵심종은 최대 12미터 길이에 3미터 깊이의 굴을 팔 수 있다. 올빼미, 코요테, 개구리, 생쥐를 비롯한 수백 종의 동물은 이런 굴을 은신처로 삼아 천적, 더위, 화재 등을 피한다.

땅거북의 굴

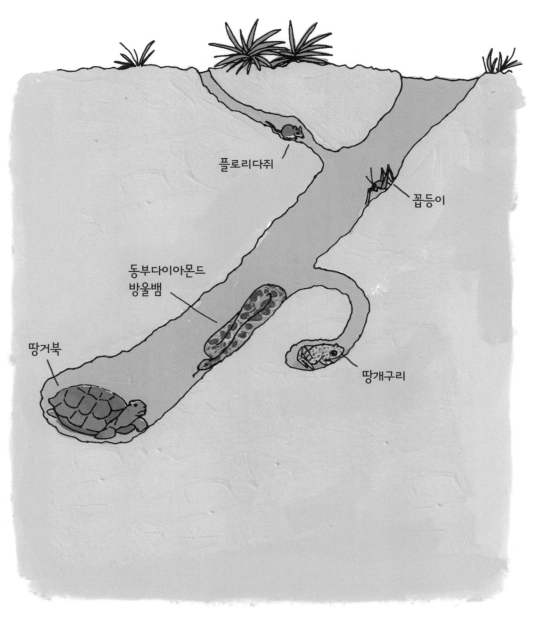

플로리다쥐

꼽등이

동부다이아몬드
방울뱀

땅거북

땅개구리

유럽오소리

사촌뻘인 미국오소리보다 사회성이 강한
유럽오소리는 여러 개의 방으로 이루어진
길게 뻗은 굴에서 살아간다. 여러 오소리 가족은
큰 굴을 차지할 수도 있는데, 이 경우 터널로
연결된 몇 개의 둥지와 잠자는 굴에서
가족 단위로 지낸다.

여러 세대에 걸쳐 파내고 유지, 관리를 하여
자리를 잡은 굴은 수많은 출구를 가지고 있으며
넓이가 수백 제곱미터에 이르기도 한다.

영어로 수컷 오소리는 '보어(boar)',
암컷 오소리는 '소(sow)',
새끼 오소리는 '큐브(cub)'로 불린다.

환기 통로

비밀
비상구

침실

화장실

청취실

먹이 저장실

건조실

침실

침실
(지름이 약 30센티미터)

육아실

버려진 굴과 둥지는 수많은 동물들에게 서식 공간을
제공해준다. 가령 다람쥣과 동물인 프레리도그가 살던 곳은
뱀, 굴올빼미, 심지어 흔치 않은 검은발족제비까지도
공유할 수 있으며 이들은 집주인을 먹이로 삼기도 한다.

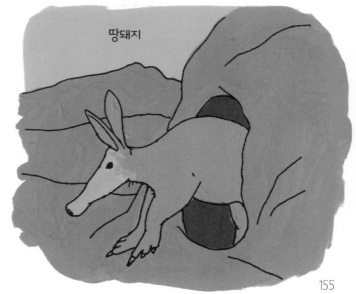

땅돼지

땅돼지가 파놓은 굴은 하이에나,
혹멧돼지, 다람쥐, 고슴도치,
몽구스, 박쥐, 새, 파충류가
이용할 수도 있다.

곤충의 건축술

쌍살벌

쌍살벌은 목재와 식물 섬유를 씹어 펄프로 만든 다음 방수 기능을 갖추고 많은 방으로 이루어진 복잡한 둥지를 완성한다.

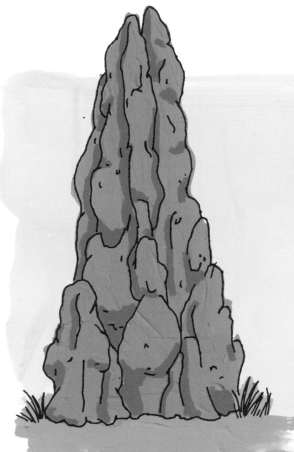

성당흰개미

오스트레일리아의 북서부 지역에 서식하는 성당흰개미는 높이가 4.5미터에 땅속으로 수만 제곱미터에 이르는 구조물을 만든다.

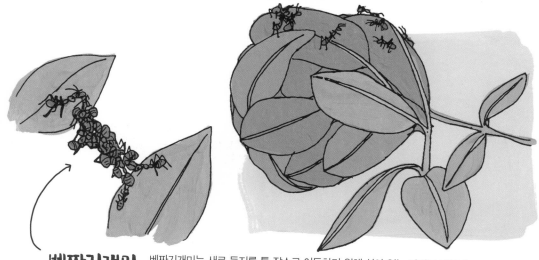

베짜기개미
베짜기개미는 새로 둥지를 틀 장소로 이동하기 위해 살아 있는 다리를 만든다. 일개미는 유충을 다리 건너편으로 옮긴 다음 몸에서 고치를 뽑아내 잎 가장자리를 붙여 작은 주머니를 만든다. 대규모의 베짜기개미 군집은 나무의 우듬지 전체를 뒤덮을 수도 있다.

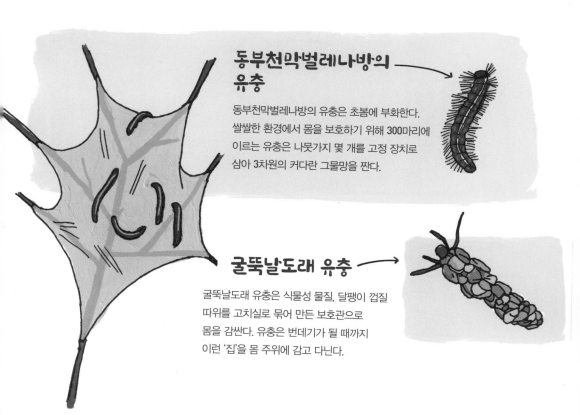

동부천막벌레나방의 유충
동부천막벌레나방의 유충은 초봄에 부화한다. 쌀쌀한 환경에서 몸을 보호하기 위해 300마리에 이르는 유충은 나뭇가지 몇 개를 고정 장치로 삼아 3차원의 커다란 그물망을 짠다.

굴뚝날도래 유충
굴뚝날도래 유충은 식물성 물질, 달팽이 껍질 따위를 고치실로 묶어 만든 보호관으로 몸을 감싼다. 유충은 번데기가 될 때까지 이런 '집'을 몸 주위에 감고 다닌다.

거미줄

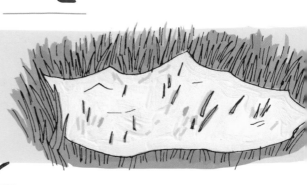

접시거미

몸집이 작은 이 거미는 끈적이지 않는 실로
촘촘하게 짠 그물을 땅바닥이나 땅바닥
가깝게 설치해두고 먹이가 지나가기를
기다린다.

깔때기거미

깔때기거미가 만든 거미줄은 두 부분으로
나뉜다. 땅 위에 나와 있는 편평한 표면은
먹이를 잡는 용도이고, 땅속으로 들어간
깔때기는 은신처로 천적을 피하고,
먹이를 먹고, 알을 낳는 용도다.

황금무당거미

황금무당거미는 노란 실로 거미줄을 크게 친다.
거미줄 색깔은 햇빛을 받으면
벌을 유인할 정도로 밝게 빛나고 다른 곤충이
걸려들기 쉽게 어두운 배경과도 잘 어우러진다.
황금무당거미는 배경에 맞추어
거미줄의 색소 농도를 조절할 수 있다.

암컷 황금무당거미는 특이하게 생긴
술 장식의 다리를 제외하고도
몸길이가 5센티미터에 이른다.

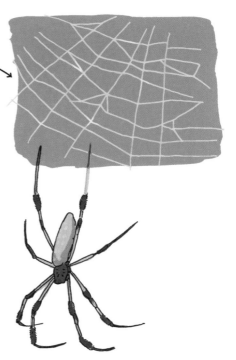

가시거미

작지만 눈에 확 띨 정도로 독특한 생김새의
가시거미는 거미줄에 술 장식을 다는데,
이는 새들이 거미줄로 날아들지 못하게 하려는
시각적 경고일 수 있다.

함정거미

함정거미는 특별한 구기(口器)로 굴을 판다.
실로 경첩이 달린 문을 만들어 입구를
밀봉하는데, 이는 대개 바깥쪽에서 알아차리지
못하도록 위장하는 것이다. 천성이 소심한
이 거미는 굴에 숨어서 먹잇감이 지나가기만을
기다리다가 진동을 느끼면 덮친다.

꼬마거미

꼬마거미의 거미줄은 마치 낡아서
버린 것처럼 보이지만 일부러
그렇게 만든 것이다.

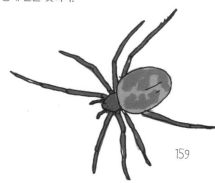

둥지 꾸미기

집단베짜기새

집단베짜기새는 참새 정도의 크기이지만
조류계에서는 가장 큰 공용 둥지를 짓는다.
거대하면서도 영구적인 구조물은
잔가지, 짚, 풀을 엮어 만든 개별적인 방으로
이루어져 있으며, 밖에서 보면
거대한 건초 더미처럼 보인다.
새들은 안쪽 방으로 모여들어 온기를 얻고
이보다 바깥쪽에 자리 잡은 서늘한 방에서는
열기와 햇빛을 피한다.

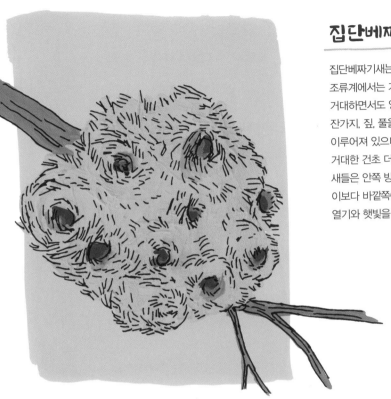

하나의 둥지에 최대 100쌍에 이르는 암수
베짜기새를 수용할 수 있으며 여러 세대가 함께
생활할 수도 있다. 부화한 어린 새끼는 어미를
도와 뒤이어 태어난 형제를 돌본다. 덕분에
이들의 생존 가능성은 더 커진다.

집단베짜기새는 아프리카 남부의
칼라하리 사막 지역에 서식한다.

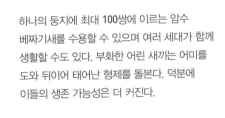

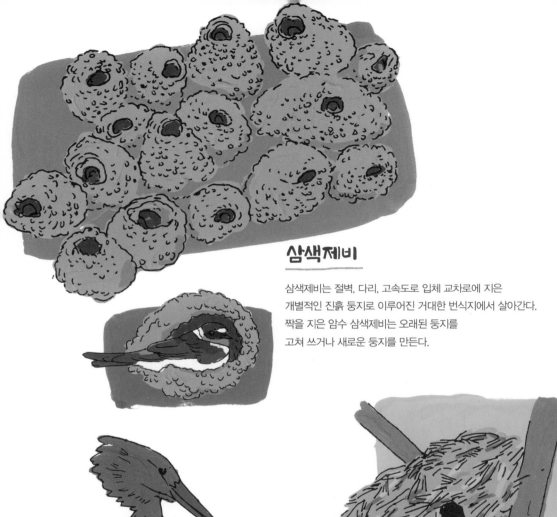

삼색제비

삼색제비는 절벽, 다리, 고속도로 입체 교차로에 지은
개별적인 진흙 둥지로 이루어진 거대한 번식지에서 살아간다.
짝을 지은 암수 삼색제비는 오래된 둥지를
고쳐 쓰거나 새로운 둥지를 만든다.

망치머리황새

망치머리황새는 지붕이 있는
둥지 중에서 가장 큰 둥지를 짓는다.
무게가 25킬로그램에 이르는 둥지를
만드는 데는 2개월이 걸리고
1만 개 가까운 나뭇가지와
거기에 덧댈 진흙이 필요하다.
둥지 입구는 하나다.

오목눈이

오목눈이는 6,000개가 넘는 이끼, 거미 알주머니,
지의류, 깃털 조각 따위로 둥지를 짓는다.
부모가 된 오목눈이는 이끼와 거미줄을 엮어
꼭대기에 작은 구멍이 있는 그물망 형태의 유연한
부대를 만든다. 바깥쪽은 지의류로 덮어 위장하고
안쪽의 공간은 단열을 위해 깃털로 덧댄다.

힐라딱따구리

힐라딱따구리는 대개
사구아로선인장 속을 파내
둥지를 만든다.

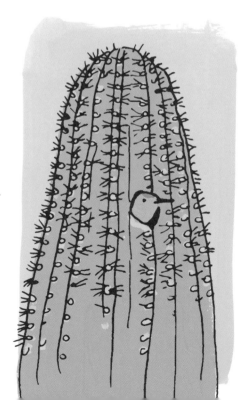

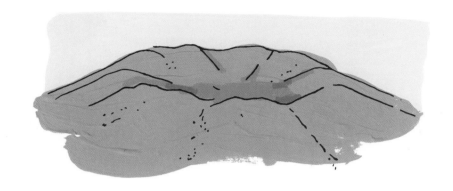

무덤새

무덤새 수컷은 모래에 큰 구덩이를 파고 그 속에 유기물을 채운다.
몇 달이 지나면 유기물은 퇴비가 되면서 열이 발생한다.
마침내 암컷은 흙무더기에 3~30개의 알을 낳고 모래로 알을 덮는다.

부모 새는 모래를 제거하거나 교체함으로써 둥지 온도를 조절한다.
부화를 마친 어린 새들은 모래 표면까지 헤치고 나와야 한다.

굴을 파는 새

갈색제비

큰 무리를 이룬 갈색제비는 절벽이나 깎아지른 듯한
강기슭에 모래가 섞인 흙으로 둥지를 짓는다.
수컷은 부리, 발, 날개를 이용해 방이 하나 있는 60센티미터가량의
굴을 파낸다. 암컷은 풀, 잎, 가는 뿌리로 만든 깔짚을
둥지의 내벽에 덧댄다.

코뿔바다오리

코뿔바다오리는 바다에서 대부분의 시간을
보내다가 짝짓기철이 되면 섬으로 모여든다.
암컷과 수컷은 평생 짝을 바꾸지 않으며,
부리와 발로 파낸 자신들의 둥지로 해마다 되돌아온다.
어린 새끼에게 물고기를 먹이로 주기 위해
암수 모두 먼 거리를 하루 만에 비행한다.

아메리카뿔호반새

짝을 이룬 암수의 아메리카뿔호반새는 강기슭에 굴을 판다.
위쪽으로 기울어져 있어 둥지 끝에 있는 방으로 물이 고이지 않는
굴은 길이가 1.8미터에 이르기도 한다.

바우어새
. . . .

수컷 바우어새는 짝짓기 상대를 유인하기 위해 정교한 구조물을 만들고 장식한다.
이때 종마다 다양한 물질을 이용하고 자신들이 좋아하는 색깔을 드러내 보이기도 한다.
개중에는 산딸기즙으로 구조물에 칠을 하는 녀석들도 있다!
짝짓기할 수컷을 고른 암컷은 혼자서 둥지를 짓고 수컷의 도움 없이 새끼를 기른다.

자연의 공학자

비버는 나무를 잘라 댐을 쌓아 연못을 만든다. 또 공사현장에
통나무를 끌어가기 쉽도록 수로를 파서 물의 흐름을 돕는다.
연못에 고인 물은 비버의 보금자리를 천적으로부터
보호하는 해자 역할을 하는 동시에 겨울에는 먹이를 숨겨두는
저장시설이 된다.

사향쥐

비버가 만든 연못은 수많은 다른 종의 동물에게 서식지를 제공하면서 주변 생태계에
큰 영향을 끼친다. 비버 가족은 수위를 최적의 수준으로 유지하는 데 필요한 만큼
댐을 수리하면서 몇 년에 걸쳐 작업을 이어간다.

사향쥐는 댐을 만들지 않는다. 녀석들이 살아가는 집은 나뭇가지보다는
갈대를 비롯한 습지 식물로 이루어져 있다. 비버와 사향쥐 모두 집의 재료를 한데 뭉치고
외부로부터 보호하기 위해 진흙을 이용한다. 사향쥐는 비버와 비슷한 생태적 위치에 있지만
햄스터와 더 밀접한 관계가 있다.

침대 만들기

침팬지 둥지

침팬지, 고릴라, 오랑우탄은 집보다는 편안하게 쉴 수 있는 침대를 만드는 편이다.
이들은 침대를 낮에는 선잠, 밤에는 깊은 잠을 자는 용도로 쓴다.
그리고 둥지를 재사용하지 않고 날마다 새로 만든다.

튼튼한 침대를 만드는 법을 배우는 데는 어느 정도 시간이 걸린다.
어린 유인원은 둥지를 스스로 만들 수 있을 때까지
어미 곁에서 최대 3년을 함께 잔다.

고릴라는 간혹 나뭇잎과 잘 구부러지는 나뭇가지를
땅바닥에 깔아놓고 그 위에서 낮잠을 즐긴다.

고릴라 둥지에 쓰이는 식물들

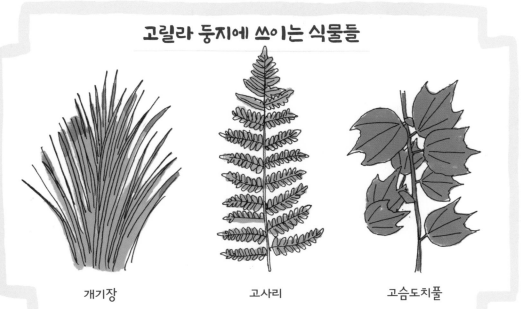

개기장   고사리   고슴도치풀

CHAPTER 6

기이하면서도 근사한

놀라움을 자아내는 문어

지구상에는 태평양대왕문어(몸길이 4.3미터)부터 별 모양의 빨판을 가진
피그미문어(몸길이 2.5센티미터)에 이르기까지 300여 종의 다양한 문어가 존재한다.

흉내문어

위장색을 띠는 수준에서
한 걸음 더 나아가
가시가 많은 쏠배감펭,
납작한 서대, 줄무늬가 있는
바다뱀을 비롯한 다양한
동물의 모습을 흉내 낸다.

문어의 영어 단어 octopus는
8개의(octo) 다리(pus)라는
뜻이다.

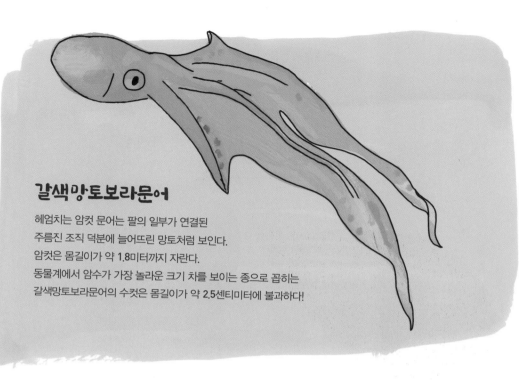

갈색망토보라문어

헤엄치는 암컷 문어는 팔의 일부가 연결된
주름진 조직 덕분에 늘어뜨린 망토처럼 보인다.
암컷은 몸길이가 약 1.8미터까지 자란다.
동물계에서 암수가 가장 놀라운 크기 차를 보이는 종으로 꼽히는
갈색망토보라문어의 수컷은 몸길이가 약 2.5센티미터에 불과하다!

코코넛문어

도구를 사용하는 몇 안 되는 두족류로 꼽히는
코코넛문어는 코코넛 껍질을 모아 몸을 숨기며,
간혹 이동 중에도 가지고 다닌다.

코코넛 껍질

파란고리문어

밝은 몸색깔은 천적이 접근하지 못하도록
경고하는 효과가 있다. 이 작은 문어는
바다에서 가장 치명적인 생명체 가운데
하나로 꼽힌다. 이 문어의 독은 청산가리보다
1,000배나 강하다.

덩치 큰 새들

스펀지 같은 투구는
각질로 덮여 있다.

큰화식조(남방화식조)

- 타조, 에뮤, 레아, 키위와 친척뻘이다.
- 키가 1.5~1.8미터에 이른다. 암컷의
  몸무게는 수컷의 2배 가까이 된다.
- 다리의 힘이 좋고 단도와 같은
  발가락이 있어 방어를 위한 발길질에
  유리하다.

느시

- 몸무게가 16~18킬로그램으로,
  날아다니는 새들 중에 가장 무겁다.
- 유럽과 러시아의 초원에 서식한다.
- 잡식성이며 대체로 조용한 편이다.

느시는 마주 보는 발톱이 없어서 횃대에
올라앉을 수가 없다. 그리고 대부분의
시간을 지상에서 보낸다.

나그네알바트로스

- 폭이 3.5미터에 이르는 날개는 새들 가운데 가장 크다.
- 둥지에 앉아 있을 때보다 비행 중일 때 오히려 에너지 사용이 적다.
- 먹이를 찾아 해수면을 스치듯이 날아간다.
- 수명이 50년 가까이 되고 평생 짝을 바꾸지 않고 일부일처로 살아간다.

사다새

- 사다샛과에서 가장 크다.
- 생식력이 있는 수컷은
  목에 곱슬곱슬한 깃털이 있고
  아래쪽 부리는 선홍색을 띤다.

목주머니에는 11리터가 넘는
물을 머금을 수 있다!

넓적부리황새

- 키가 최대 1.4미터, 날개폭이 2.4미터에
  이른다.
- 부리가 신발같이 생겨서 영어로는
  '슈빌(Shoebill)'이라고 한다.
- 폐어(lungfish), 장어, 심지어 악어 새끼도
  잡아먹는다.

175

우스꽝스러운 오리너구리

오리너구리는 알을 낳는 포유류인 두 종류의 단공류 중 하나(다른 하나는 가시두더지)다.
알은 10일 만에 부화하고, 암컷은 새끼를 4개월가량 돌본다.
오리너구리는 곤충, 조개, 벌레 따위의 먹이를 자갈 조각과 함께 퍼담아 잘게 으깨 삼킨다.

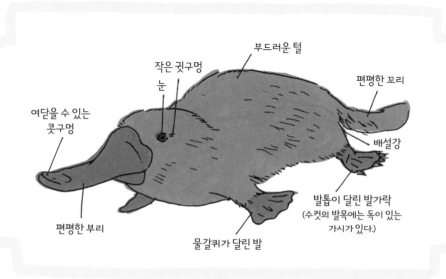

작은 귓구멍
눈
부드러운 털
편평한 꼬리
여닫을 수 있는
콧구멍
배설강
발톱이 달린 발가락
(수컷의 발목에는 독이 있는
가시가 있다.)
편평한 부리
물갈퀴가 달린 발

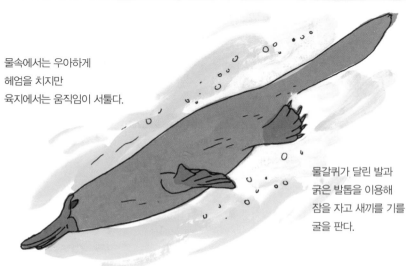

물속에서는 우아하게
헤엄을 치지만
육지에서는 움직임이 서툴다.

물갈퀴가 달린 발과
굵은 발톱을 이용해
잠을 자고 새끼를 기를
굴을 판다.

별코두더지

두더지로는 유일하게 늪과 습지대에서 살아가는 별코두더지는
매우 민감한 주둥이로 흙을 뒤져 전기 자극을 수집해 먹이를 찾아낸다.
콧구멍 주변에 있는 22개의 두툼한 돌기에는 10만 개가 넘는 신경섬유가 들어 있다.

사냥할 때는 먹이 근처의 이미지를 수집하기 위해 1초에 10~12군데를
건드려본다. 지구상에서 먹는 속도가 가장 빨라 0.25초 만에
벌레를 찾아내 삼킬 수 있다.

별코두더지는 능숙하게 헤엄을 치고 놀랍게도 코로 공기 방울을 내뿜었다가
재빨리 다시 들이쉬면서 물속에서도 냄새를 맡을 수 있다.

아르마딜로의 생김새

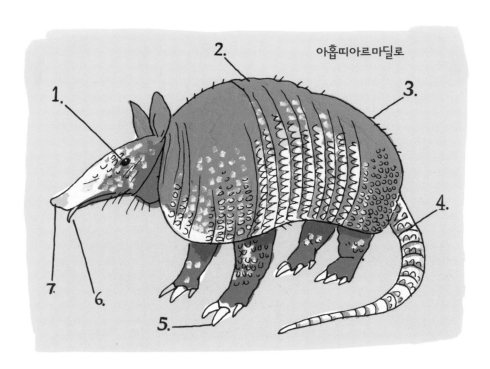

아홉띠아르마딜로

1. **눈**   시력이 형편없다.
2. **등딱지** 골질로 된 두꺼운 판으로 덮여 있다.
3. **털**   옆구리의 뻣뻣한 털은 더듬이 역할을 한다.
4. **꼬리**   비늘로 덮인 긴 꼬리는 몸의 중심을 잡아준다.
5. **발톱**   두껍고 튼튼해서 땅을 파기에 적합하다.
6. **혀**   긴 혀로 곤충을 핥아먹는다.
7. **코**   뛰어난 후각을 자랑한다.

지구상에는 아르마딜로가 21종 있는데, 모두 남아메리카에 서식한다.
옆쪽에 소개한 아홉띠아르마딜로만이 유일하게 북아메리카에서도 발견된다.
주로 곤충을 잡아먹지만 식물, 알, 작은 동물, 일부 과일도 먹이가 된다.
아르마딜로는 뛰어난 수영 실력을 보여주며 최대 6분까지 물속에서 숨을 참을 수 있다.

애기
아르마딜로

몸집이 작은 이 아르마딜로는 땅속에서
대부분의 시간을 보낸다. 커다란 발톱과
납작한 '엉덩이받이' 덕분에 땅을 팔 때
몸 뒤로 흙을 다질 수 있다.

우는긴털
아르마딜로

이름 하나로 모든 것이 설명된다.
아르마딜로 가운데 가장 털이 많고
위협을 받으면 비명을 지르거나
신음을 내서 붙여진 이름이다.

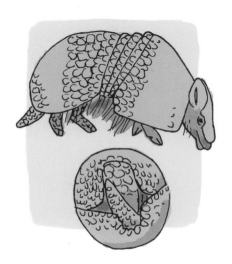

세띠
아르마딜로

몸을 공처럼 말아서 자기방어를 할 수 있는
유일한 아르마딜로다. 다른 아르마딜로는
그만큼 몸이 유연하지 않으며,
위험에서 벗어나기 위해 달아나거나 구멍을 판다.

갑옷으로 무장한 그 밖의 포유류

아르마딜로와 마찬가지로 천산갑과 가시두더지도 보호용 갑옷을 입고 있다.
전혀 관련이 없는 이 포유류들은 하나같이 길고 끈적끈적한 혀로 개미와 흰개미를 핥아먹고
육중한 발톱으로 흰개미 집을 무너뜨리고 땅을 파헤치는 식충동물이다.
천산갑과 가시두더지 모두 능숙한 솜씨로 헤엄을 친다.

천산갑

천산갑은 간혹 파충류라는 오해를 받지만,
포유류 중에서 유일하게 몸의 윗부분 전체가
날카로운 비늘이 서로 겹쳐진 채로 덮여 있다.
손톱이나 뿔처럼 각질로 이루어진 천산갑 비늘에
의학적 효과가 있다고 믿는 사람들이 있다.
그 결과 천산갑은 전 세계적으로 불법 거래가
가장 널리 이루어지는 동물 중 하나가 되었다.

아시아와 아프리카에 서식하는
천산갑은 8종에 이른다. 몸길이가
30~100센티미터에 이를 정도로
크기 또한 다양하다.

천산갑은 위협을 느끼면
몸을 공처럼 말아 공격을
받기 쉬운 모든 신체 부위를
완벽히 감춘다.

가시두더지(바늘두더지)

'가시개미핥기'로도 불리는 가시두더지는
개미를 비롯한 곤충을 잡아먹지만,
개미핥기와는 아무런 관련이 없다.
가시두더지는 알을 하나만 낳는 포유류인
단공목 또는 단공류에 속한 두 종류의
포유류(다른 하나는 오리너구리) 가운데 하나다.
오스트레일리아와 뉴기니에
서식하는 가시두더지는 4종이다.

천산갑의 비늘과 마찬가지로
가시두더지의 가시 역시 각질로
이루어져 있다. 위협을 느끼면
몸을 공처럼 말거나 땅속으로 파고든다.

새끼 가시두더지는
'퍼글(puggle)'이라고 한다.

암컷은 질긴 껍질에 싸인 알을
한 번에 하나씩 낳아 뱃가죽에 일시적으로 생긴
주름 속에 넣어둔다. 눈을 뜨지 못하고
털이 없는 채로 알에서 나온 새끼는
어미의 젖꼭지에 달라붙어 가시가
자랄 때까지 최대 12주 동안 젖을 먹는다.
그 후 어미는 새끼를 굴 속에 남겨두지만
다시 6개월 동안 젖을 먹여 키운다.

이상야릇한 땅돼지

땅돼지는 토끼 귀에 돼지 코, 오소리의 발톱을 갖고 있으며,
얼핏 보면 캥거루를 닮았다. 여러 동물의 생김새를 가져다 붙인 것처럼 보이고
코끼리와도 어느 정도 관련이 있지만 관치목에 속한 유일한 종이다.

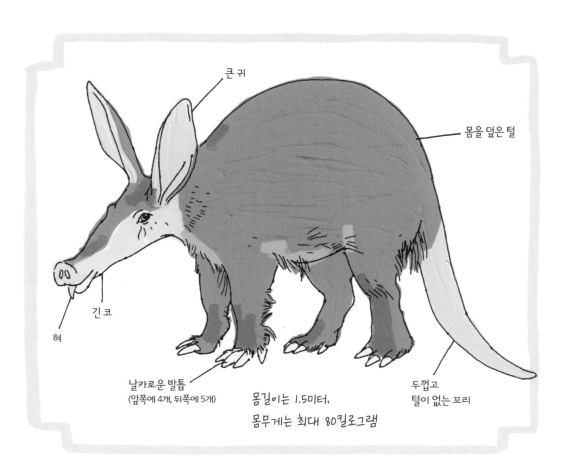

큰 귀

몸을 덮은 털

긴 코

혀

날카로운 발톱
(앞쪽에 4개, 뒤쪽에 5개)

몸길이는 1.5미터,
몸무게는 최대 80킬로그램

두껍고
털이 없는 꼬리

땅돼지의 큰 귀와 긴 코는 개미와 흰개미를
사냥하는 데 유리하다. 두꺼운 앞발톱으로는
개미집을 허물고 잠을 자는 굴을 판다.

땅돼지는 개미와 흰개미를 비롯한 곤충을 잡아먹지만,
독특한 형태의 오이도 먹이에 포함된다.
'땅돼지오이(*Cucumis humifructus*)'는 땅속으로
90센티미터가량 자란다. 땅돼지오이의 번식은
땅돼지가 그것을 땅에서 파내 먹고
배설물을 통해 씨앗을 다시 퍼뜨리는 데 달려 있다.

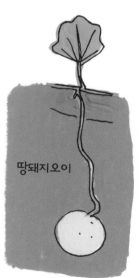

땅돼지오이

땅돼지의 혀는 최대 30센티미터에
이를 정도로 길고 끈적끈적해서
곤충을 잡기에 알맞다.

높은 하늘에서 내려다보자

정말로 날 수 있는 날개를 가진 유일한 포유류는 박쥐이지만, 상당수의 동물이
전혀 힘들이지 않고도 날 수 있는 능력을 키워왔다. 그중 다수가 유대류다.

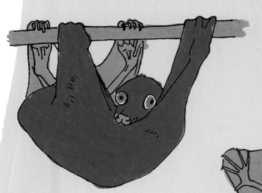

날원숭이

'박쥐원숭이'라고도 하는 이 동물과 가장 가까운 것은
영장류다. 철저하게 나무 위에서만 살아서 지상에서
움직이는 경우가 드물고 나무에 기어오르는 것조차 서툴다.

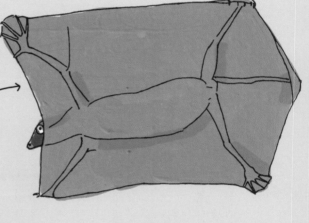

활짝 펼치면 사각형에 가까운
커다란 비막을 이용해
일정한 높이를 유지한 채
70미터가량 활공할 수 있다.

하늘다람쥐

전 세계 곳곳에 50여 종이 살아가는
하늘다람쥐는 몸길이(꼬리 포함)가
15~125센티미터에 이른다.

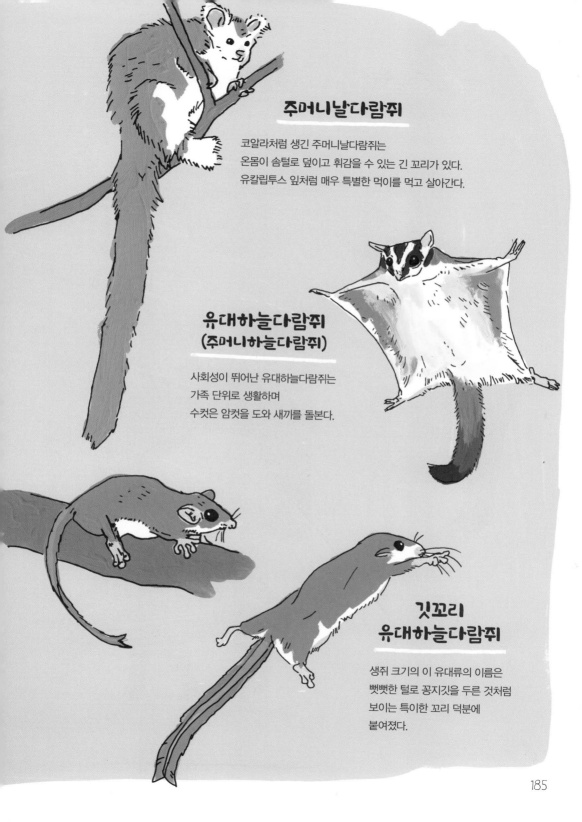

주머니날다람쥐

코알라처럼 생긴 주머니날다람쥐는
온몸이 솜털로 덮이고 휘감을 수 있는 긴 꼬리가 있다.
유칼립투스 잎처럼 매우 특별한 먹이를 먹고 살아간다.

유대하늘다람쥐
(주머니하늘다람쥐)

사회성이 뛰어난 유대하늘다람쥐는
가족 단위로 생활하며
수컷은 암컷을 도와 새끼를 돌본다.

깃꼬리
유대하늘다람쥐

생쥐 크기의 이 유대류의 이름은
뻣뻣한 털로 꽁지깃을 두른 것처럼
보이는 특이한 꼬리 덕분에
붙여졌다.

몸 전체가 검고 흰 동물들

판다, 얼룩말, 펭귄, 스컹크는 가장 유명한 흑백 동물로 꼽힌다. 이런 색깔 배합은 동물의
윤곽을 허물고 주변 환경과 잘 어우러지게 만들어 위장술을 펼치는 데 도움을 준다.
눈에 띄는 몸색깔은 스컹크 같은 동물에게는 천적의 접근을 막아주는 역할을 한다.
얼룩말의 줄무늬는 피를 빠는 벌레를 쫓으려는 것처럼 보이는데,
과학자들은 정확한 이유를 밝히려고 여전히 노력 중이다.
그 밖에 우리에게는 좀 낯설지만 흑백의 멋진 대비를 이루는 동물들이 있다.

코(트렁크)는 물속에서
스노클처럼 사용할 수 있다!

말레이맥(말레이테이퍼)

다 자란 개체는 엉덩이에 흰 담요나 망토를
두른 것처럼 보인다.
새끼는 위장을 위해 반점과 줄무늬가 있는
잠옷을 입은 듯한 모습으로 태어난다.

흑백목도리여우원숭이

마다가스카르에서 서식하며 우거진
숲의 우듬지에서 작은 가족 단위로
생활한다. 주로 나무 열매를 먹는데,
부채파초와의 상호 관계 덕분에
지구상에서 가장 큰
꽃가루받이 동물로 알려져 있다.

다른 꽃가루받이 동물과는 달리
나무의 꽃을 벌려 꿀을 얻을 수 있다.
꿀을 먹을 때 털에 달라붙은 꽃가루가
이 꽃에서 저 꽃으로 옮겨간다.

태즈메이니아데빌

지구상에서 가장 큰 육식성 유대류다.
무시무시한 앞니에 물리면
심각한 상처가 남는다.
단독 생활을 하면서 사냥을 하지만
쓰레기 더미를 뒤져 먹는 것을 좋아한다.
동물의 사체 주위로 많은
태즈메이니아데빌이 소란스럽게
모여들면 멀리 떨어진 곳에서도
귀에 거슬리는 날카로운 소리와
으르렁거리는 소리를 들을 수 있다.

극락조

극락조과에 속한 **40**종이 넘는 새들은
수컷이 선명한 깃털을 뽐내는 것으로
알려져 있다. 수컷은 화려한 색깔의
반점과 무지갯빛의 목털,
몸 뒤로 길게 늘어뜨린 깃털을
과시하기도 한다. 대부분의 수컷은
짝짓기 상대를 유혹하기 위해
정성을 다해 구애 행위를 펼친다.

흰기극락조

긴꼬리극락조

극락조는 주로 나무 열매를 먹고 살아가지만
일부는 곤충도 먹는다.
대부분의 극락조는 뉴기니에 서식한다.

멋쟁이극락조

윌슨극락조

**어깨걸이
극락조**

어깨걸이극락조 수컷은
날개와 꼬리 깃털을 들어올려
청록색 목깃과 작고 하얀 눈은
극적인 대비를 이루는 배경을 만든다.

기드림극락조

큰극락조

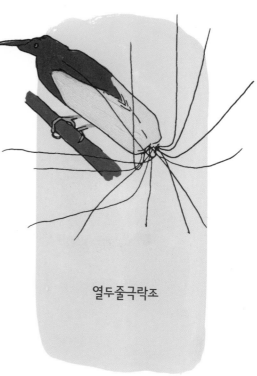

열두줄극락조

카피바라

지구상에서 가장 큰 설치류인 카피바라는 작은 돼지 크기의 기니피그를 상상하면 된다.
부분적으로 물갈퀴가 있는 발과 재빨리 마르는 거친 털을 갖춘 녀석들은
최고의 수영 실력을 뽐낸다.

새끼는 태어난 지 몇 시간 만에
걸을 수 있을 만큼 조숙하다.
1주일 안에 새끼는
풀과 수생 식물을 먹기 시작하지만
젖도 계속해서 먹는다.

개미핥기

큰개미핥기는 중앙아메리카와 남아메리카에서 발견되는 4종의 개미핥기 가운데 가장 크다.
몸길이는 코부터 꼬리까지 2미터에 이르기도 한다.
걸을 때는 긴 앞발톱을 아래로 밀어넣어 발목으로 몸무게를 지탱한다.

개미핥기는 이빨이 없지만 수천 개의
작은 갈고리로 덮인 길고 끈끈한 혀가 있다.
한 번에 수백 마리의 개미를 핥아 순식간에
집어삼키면서 개미에 물리지 않기 위해
1분에 최대 150차례 혀를 날름거린다.
개미와 함께 삼킨 자갈과 모래는
소화를 돕는다.

진기한 카멜레온

··

카멜레온은 양쪽 눈을 따로따로 움직이는 등 대부분의 동물이 할 수 없는
많은 것을 해낸다. 체온을 조절하고 다른 카멜레온과의 의사소통을 위해
자유자재로 몸색깔을 바꿀 수도 있다. 또 시속 20킬로미터의 속도로 순식간에
튀어나가며 자기 몸길이의 2배까지 늘어나는 끈적끈적한 혀로 먹이를 잡는다.

잭슨 카멜레온

수컷은 뿔이 3개 있다.
2개는 눈에 있고
나머지 1개는 코에 있다.

파슨 카멜레온

카멜레온 가운데 가장 큰 종으로
꼽히며, 몸길이가 최대 58센티미터에
이른다.

가면카멜레온

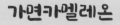

암수 모두 머리 뒤로
투구를 쓴 듯한 벼슬이 있는데
카멜레온이 성장함에 따라
함께 자란다.

라보르드
카멜레온

마다가스카르가 원산지인 이 카멜레온은
7~9개월 만에 알에서 부화한 후
4~5개월을 살다 죽는다.
지구상에서 수명이 가장 짧은
육상 척추동물로 알려져 있다.

카펫
카멜레온

암컷이 수컷보다
몸집이 크고
화려한 색을 띤다.
1년에 세 차례
알을 낳기도 한다.

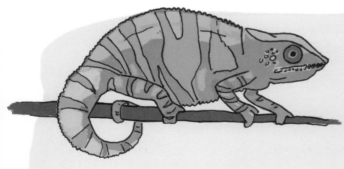

팬더
카멜레온

주변 상황에 따라 몸색깔과
무늬가 바뀐다. 암컷보다 수컷이
더욱 화려한 색을 띠며
선명한 파란색, 초록색, 붉은색,
주황색으로 나타난다.

중국장수도룡뇽

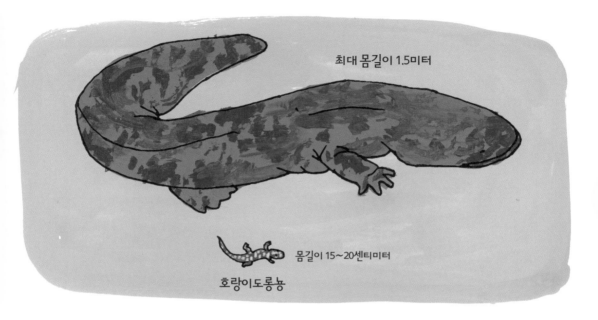

최대 몸길이 1.5미터

몸길이 15~20센티미터

호랑이도룡뇽

지구상에서 가장 큰 양서류인 중국장수도룡뇽은 바위가 많은 중국의 강과 계곡에서 살며
별미로 사육되기도 한다. 이 살아 있는 화석은 피부로 숨을 쉬고
옆구리를 따라 분포한 감각절로 움직임을 감지해 먹이를 찾아낸다.
최상위 포식자인 이 도룡뇽은 물고기, 개구리, 조개, 곤충, 심지어 작은 도룡뇽까지 잡아먹는다.

암컷이 안전한 장소에 줄줄이 알을 낳고 나면 수컷이 정자를 내보내 체외수정이 이루어진다.
수컷은 알이 부화할 때까지 보호하고, 부화가 끝나면 새끼는 혼자 힘으로 성장한다.

위협을 느낀 도룡뇽의 피부에서는
끈적끈적한 흰 물질이 분비된다.

멕시코도롱뇽(아홀로틀)

아홀로틀은 멕시코 원주민인
나우아족의 말로 '물개'를 뜻한다.

매력적이면서도 신비로운 아홀로틀은 성체가 되고 나서도 물갈퀴가 달린 발,
지느러미, 움직이지 않는 눈꺼풀처럼 올챙이 때의 특성을 유지하기 때문에
일반적인 도롱뇽이 되기 위한 자격 요건을 거스른다. 원시적 수준의 폐가
발달하지만 깃털 모양의 겉아가미로 숨을 쉬면서 수생동물로 살아간다.

멕시코시티 부근에 있는
호수 두 곳과 몇몇 운하에서 서식하는
아홀로틀은 야생에서는 추적이
어려우나 뛰어난 재생 능력 덕분에
실험실에서는 널리 연구되고 있다.
사지, 폐, 심지어 뇌의 일부를 포함한
신체 일부가 불과 몇 주 만에
완벽하게 재생되기도 한다.

돼지코개구리

'퍼플개구리'로도 알려진 이 희귀한 동물은 인도의 일부 지역에서 서식한다.
야생에서 살아가는 퍼플개구리의 정확한 사정은 알 수 없으나
이들 역시 수많은 양서류와 마찬가지로 서식지 감소와 오염,
인간의 올챙이 포획 등으로 멸종 위기에 놓여 있다.

구덩이나 굴을 파는 종으로서 성체가 된 개구리는 대부분의 시간을
땅속에서 보내며 주로 흰개미를 잡아먹는다. 그리고 우기가 되면 굴 밖으로 나와
짝짓기를 하고 알을 낳는다. 흐르는 물속에서 살아가는 데 적응한 올챙이는
특별한 구기를 이용해 조류가 덮인 바위에 달라붙는다.

그 밖의 다채로운 개구리들

초록검정독화살개구리

아르헨티나
뿔개구리

빨간눈
청개구리

사막비개구리

파나마황금개구리

토마토
개구리

화이트
청개구리

북부유리개구리

뱀의 세계

킹코브라

상대를 위협할 때 몸의 3분의 1가량을
바닥에서 들어올리고
목의 후드를 납작하게 펴서
몸이 커 보이게 한다. "쉬익" 소리가
다른 뱀보다 저음이라서 낮게
으르렁거리는 소리로 들릴 수도 있다.

초록비단구렁이

나뭇가지를 휘감은 채
꼬리를 흔들면서 먹이를 유인하고,
먹이를 공격할 때는
꼬리로 나뭇가지에 매달린다.

파라다이스날뱀

나무에서 살아가는 이 뱀은 나뭇가지에서
몸을 던져 10미터까지 이동할 수 있다.
이때 늑골을 납작하게 편 채
목표로 하는 착륙 지점을 향해
공중에서 물결치듯 몸을 움직인다.

무지개왕뱀

무지갯빛으로 밝은색을
띠어 '무지개왕뱀'이라는
이름을 얻게 된 이 뱀은
나이에 관계없이
일정한 몸길이가 되면
성적으로 성숙한다.

노랑입술
바다뱀

독이 있는 이 바다뱀은 장어를 잡아먹고 물속에서
최대 30분까지 숨을 참을 수 있다. 그러다 먹이를 소화하고
깨끗한 물을 마시기 위해 육지로 돌아온다.

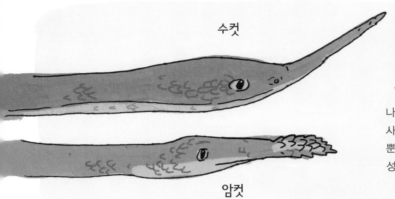

수컷

암컷

마다가스카르 덩굴뱀

나무 위에서 살아가는 이 도마뱀 사냥꾼은 주둥이가 특이하게 생겼을 뿐만 아니라 암수의 모습이 다른 성적 이형성을 보인다.

검은맘바

맹독성 뱀인 검은맘바의 피부는 올리브색이나 회색을 띤다. 위협을 느끼면 입이 벌어지는데, 입속이 먹처럼 검은색이어서 이런 이름이 붙여졌다.

수염뱀

이 작은 수생 뱀은 먹잇감인 물고기가 타격 거리 안에 들어올 때까지 거의 대부분의 시간(90퍼센트)을 진득하게 기다린다. 코에 붙은 2개의 작은 수염은 탁한 물속에서 먹이의 위치를 알아내는 데 도움이 되는 것으로 보인다.

속눈썹살모사

눈 위로 눈썹처럼 비늘이 솟아 있는
맹독성 육식동물인 속눈썹살모사는
잘 익은 바나나 다발에 숨을 수 있도록
노란색을 비롯한 다양한
몸색깔을 띤다.

독사의 머리 생김새

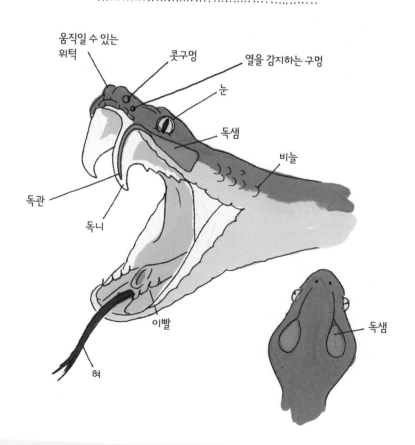

움직일 수 있는
위턱

콧구멍

열을 감지하는 구멍

눈

독샘

비늘

독관

독니

이빨

혀

독샘

판다의 이모저모

대왕판다

판다는 솜털 같은 검고 흰 털과 안대를
한 듯한 독특한 눈 덕분에 전 세계적으로
알려졌지만, 이 흑백의 외피가
어떤 용도를 갖는지는 과학적으로 확실히
알려진 바가 없다. 판다는 천적을 피해
몸을 숨기거나 먹이에 몰래 접근할 필요가
없으므로 위장술일 가능성은 없어 보인다.

대개 단독 생활을 하는 판다는
유일한 먹이인 대나무를 찾느라 하루에
최대 16시간을 보낸다. 대나무를 발견하면
똑바로 앉아서 엄지 역할을 하는
길쭉한 손목뼈로 줄기를 쥔 채 튼튼한 턱과
이빨로 대나무를 으스러뜨려 먹는다.

레서판다

같은 서식지를 공유하고 대나무가
주식이기는 해도 레서판다와 대왕판다는
서로 관계가 없다. 레서판다는 한때
너구리로 분류된 적도 있지만,
오늘날은 레서판다과로 분류된다.

레서판다는 대부분의 시간을 나무에서
보내는데, 나무 줄기에 붙은 붉은 이끼와
하얀 지의류가 레서판다의 화려한 털 색깔과
잘 어울린다. 두툼한 꼬리는 몸길이의 절반을
차지한다. 털로 덮인 발바닥은 비에 젖거나
살얼음이 덮인 나뭇가지를 쥐는 데 유리하다.

나무늘보

움직임이 굼뜬 나무늘보는 주식인 잎만으로는 영양이 충분치 않기 때문에 에너지를 적게 쓰기 위해 하루에 15~18시간씩 잠을 잔다. 습성은 코알라와 비슷하지만 개미핥기나 아르마딜로와 족보를 공유한다.

모든 종의 나무늘보는 뒷다리에 3개의 발가락이 있지만, 앞다리의 발가락은 3개나 2개라는 점에서 차이를 보인다. 발톱의 길이는 8~10센티미터에 이르며, 나무에 매달려 지낸다. 간혹 너무나 꽉 매달려 나무늘보가 죽은 뒤에도 발톱이 나뭇가지에 그대로 붙어 있기도 한다.

호프만두발가락
나무늘보

나무늘보가 다른 동물과 다른 점

- 출산을 포함한 거의 모든 일을 거꾸로 매달린 채 할 수 있다.
- 털이 배에서 등을 향해 위쪽으로 자라 물이 스며들지 않는다.
- 굵은 털의 표면에 생긴 홈에는 남세균이 자라 보호색 역할을 한다.
- 근육량이 거의 없어 따뜻한 체온을 유지하기 위해 몸을 떨 수가 없다.
- 1주일에 한 번 배변한다.

도움의 손길이 필요한 곳
· ·

야생동물 보호를 위해 발 벗고 나선 단체를 일부 소개하고자 한다.

마음을 나누어 이 단체들을 후원해준다면 더할 나위 없이 감사하겠다!

African Wildlife Conservation Fund for Ugandan Student Graduate Degrees and Research (내 여동생이 만든 기금이다! 자세한 내용은 7쪽을 참조하기 바란다.)
https://wildlifenutrition.org

Yunkawasi (페루)
www.yunkawasiperu.org

GERP Groupe d'étude et de recherche sur les primates (마다가스카르)
www.gerp.mg

Australian Wildlife Conservancy (오스트레일리아)
www.australianwildlife.org

Bush Heritage Australia
www.bushheritage.org.au

Giraffe Conservation Foundation (아프리카)
https://giraffeconservation.org

Panthera (전 세계)
https://panthera.org

Save Cambodia's Wildlife (캄보디아)
www.cambodiaswildlife.org

Golden Triangle Asian Elephant Foundation (태국)
www.helpingelephants.org

Kiara (인도네시아)
https://kiara-indonesia.org

Conservation Through Public Health (우간다)
https://ctph.org

감사의 말

늘 그렇듯 내게 편지를 보내 이런 책을 다시 만들도록 내 마음을 움직인 모든 아이들(물론 어른들도!)에게 감사의 말을 전하고 싶다. 생각보다 많은 시간이 걸렸다! 독자들의 마음을 사로잡을 만한 사실과 모든 생명체에 대한 꼼꼼한 조사를 도맡아주는가 하면, 팩트를 하나하나 체크해주었고, 스캔작업과 채색과정에 필요한 일들을 세세하게 점검해주는 등이 책을 만드는 과정에 많은 이들이 함께 고민하고 함께 채워나갔다. 그들에게 깊은 고마움을 전한다. 전폭적인 지지를 아끼지 않은 내 가족과 친구들은 언제나 큰 힘이 되었다. 지구상에 존재하는 놀라운 야생 왕국을 보존하는 일에 앞장서는 모든 이들(특히 내 여동생)에게 감사의 인사를 전한다.

내 여동생과 개코원숭이와
함께 화상통화!

야생동물해부도감

1판 1쇄 인쇄 ｜ 2024년 2월 7일
1판 1쇄 발행 ｜ 2024년 2월 14일

지은이 ｜ 줄리아 로스먼
옮긴이 ｜ 이경아
감수자 ｜ 이용철

발행인 ｜ 김기중
주간 ｜ 신선영
편집 ｜ 백수연, 한미경
마케팅 ｜ 김신정, 김보미
경영지원 ｜ 홍운선
펴낸곳 ｜ 도서출판 더숲
주소 ｜ 서울시 마포구 동교로 43-1 (04018)
전화 ｜ 02-3141-8301~2
팩스 ｜ 02-3141-8303
이메일 ｜ info@theforestbook.co.kr
페이스북·인스타그램 ｜ @theforestbook
출판신고 ｜ 2009년 3월 30일 제2009-000062호

ISBN ｜ 979-11-92444-78-9 (03470)